物理学电子技术实验

唐 强 主编

上海科学技术出版社

图书在版编目（CIP）数据
物理学电子技术实验 / 唐强主编. -- 上海 : 上海科学技术出版社, 2024. 6. -- ISBN 978-7-5478-6682-5
Ⅰ. 04; TN-33
中国国家版本馆CIP数据核字第20242MW535号

物理学电子技术实验

唐 强 主编

上海世纪出版(集团)有限公司
上 海 科 学 技 术 出 版 社 出版、发行
(上海市闵行区号景路159弄A座9F-10F)
邮政编码 201101 www.sstp.cn
常熟市兴达印刷有限公司印刷
开本 787×1092 1/16 印张 13
字数 180千字
2024年6月第1版 2024年6月第1次印刷
ISBN 978-7-5478-6682-5/TN·42
定价：49.00元

本书编委会名单

主　编　唐　强

编撰者　陈　羽　黄　敏　洪　澜　熊小敏　梁飞翔　车　宇　李　鹏　蔡志岗

前言 | FOREWORD

伴随着电子技术的进步，以高灵敏度快响应传感器、高速高精度信号采集与处理、自动控制等为代表的现代电子与测控技术，为物理量的精确测量和新物理现象的发现提供了重要的技术支撑，已经成为现代科学、工程和生产的基础手段之一。本科阶段的电子技术课程教学应当与学科相结合，需要与高年级专业课程衔接，引导学生从学科发展前沿角度认识电子技术的重要性，面向大科学装置、重大工程和交叉学科应用等需求，培养“厚基础、宽口径”的新型综合人才。

电子技术实验是高校理工科各专业的重要技术基础课，主要任务是培养学生的工程实践能力和创新能力，将电子技术课程的概念和知识落到实处。近年来中山大学物理学院对物理学类专业电子技术实验进行深化教学改革，2017 年提出“电子技术 2.0 规划”，推动电子技术与物理测量和光电检测的紧密结合。通过对实验内容的精心设计，物理学类的电子技术实验课程形成了从基础性实验逐步过渡到设计型实验、物理实验精密仪器研发等多个层次，将电子技术实验教学更好地融入物理实验教学体系中。本书吸收和总结了这些教学改革的成果和经验，主要内容包括模拟电子技术和数字电子技术，以及基本的电子综合设计，用于基础层次的电子技术实验教学。

本书是模拟电子技术和数字电子技术课程的配套实验教材，立足于物理学类与相关非电类专业对电子技术实验教学的需求，以物理测量和光电检测为核心，设计了从器件级、模块级到系统应用级共 17 个实验项目，内容涵盖了电子技术尤其是在测控系统中所使用的典型电路单元。

全书分为3个部分：第一部分为模拟电子技术，从三极管特性曲线的测量出发，引导学生将大学物理实验中的基本电学量测量方法推广至三极管等一类重要的电子器件，培养学生对电路建模与抽象、静态工作点调节、模块与接口划分等工程思维和排查调试方法的掌握。在此基础上，本书分别设计了基于分立器件的单级和负反馈放大电路，基于运算放大器的运算、滤波、振荡电路，以及差动放大器、功率放大器、直流稳压电源等测控系统中的重要电路模块，满足不同教学应用需求。第二部分为数字电子技术，内容涵盖了组合与时序逻辑电路、多谐振荡器与单稳态触发器、555时基电路，以及模数与数模转换电路。在以上两部分的基础之上，第三部分综合设计实验设计了若干个系统级应用场景，以近代物理实验、通信原理实验、专业实验所使用的测控电路为背景，精炼出若干综合设计实验，让学生对高年级实验课程有所接触，提高电子技术实验课程教学质量。增加的综合设计实验项目，让学生将所掌握的模拟和数字电路知识应用于实际问题的解决，包括光学、热学、数字通信、反馈控制等应用领域，引导学生从一般的“学后练”向以问题为导向的“做中学”转变，提高学生的实际应用能力与创新能力。

本教材是我们近几年在“电子技术2.0规划”实施和实践的部分工作中的总结，我们很愿意与各高校同行分享和交流。诚然，由于作者水平有限，不当之处在所难免，恳请读者批评指正。

编者

2024年1月

目录 | CONTENTS

第一部分

模拟电子技术

实验一 三极管与场效应管特性曲线的测量

实验目的

（1）熟练掌握三极管、场效应管的输入特性和输出特性，分析不同工作区的特点和应用，了解三极管、场效应管的关键参数及其测量方法，为后续搭建单级放大电路和负反馈放大电路提供基础。

（2）学习电子电路静态工作点的确定和调节，掌握节点电压和支路电流的测量方法。

（3）掌握直流电压源、万用表等基本电子测量仪器的使用。

实验原理

晶体三极管和场效应管是模拟和数字电子电路中最基本的半导体器件。根据其所处的不同工作状态，可以实现信号的放大、比较、开关、逻辑运算等不同的电路功能。熟练掌握三极管和场效应管各个电极之间的电压、电流关系，是分析和设计各种电子电路的基础。

不同于电阻、电容等二端元件，三极管和场效应管拥有 3 个及以上的电极，因此简单的伏安特性（$I-V$）曲线不足以充分反映器件的工作点和工作状态，通常采用特性曲线来反映各个电极之间的电压、电流关系。通过对三极管和场效应管的输入、输出特性曲线的测量，能够充分掌握器件的特性和主要参数，这是正确使用器件进行电路设计的前提。

1. 三极管的特性曲线

三极管通常有基极 b、集电极 c 和发射极 e 3 个电极，常用的**共射输入特性曲线**定义为：在发射极与集电极之间的电压（管压降）V_{ce}一定的条件下，基极电流 I_b和发射结压降 V_{be}的关系满足

$$I_b = f(V_{be}) |_{V_{ce}=常数} \tag{1-1}$$

对于 NPN 型和 PNP 型三极管，各电极电流和电压的参考方向如图1-1所示。三极管大多数工作状态都要求发射结处于 PN 结正向偏置状态，因此测量输入特性曲线时 NPN 型三极管的 $V_{be}>0$，PNP 型三极管的 $V_{be}<0$。

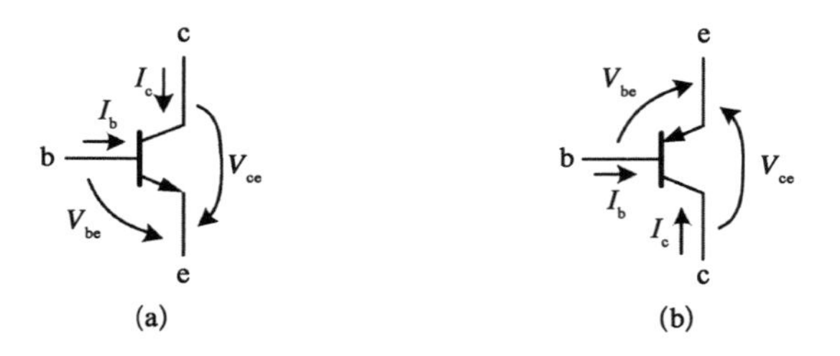

图 1-1　NPN 型(a)和 PNP 型(b)三极管的电压、电流参考方向

以 NPN 型管为例，当 $V_{ce}=0$ V 时，三极管的集电极 c 和发射极 e 之间短路，发射结和集电结并联，此时的三极管输入特性曲线与 PN 结的 $I-V$ 曲线形状类似。当 PN 结导通时，I_b 随 V_{be} 的增大而显著增大。当 $V_{ce}>0$ V 时，输入特性曲线会右移，如图 1-2 所示。

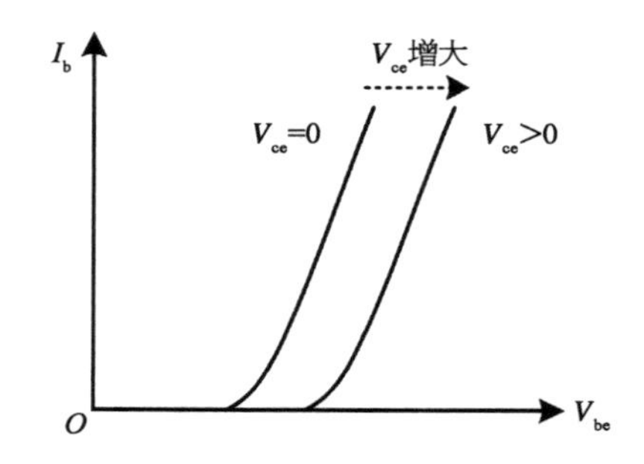

图 1-2　NPN 型三极管的输入特性曲线

共射输出特性曲线定义为：当基极电流 I_b 为常量（即发射结压降 V_{be} 为常量）时，集电极电流 I_c 与管压降 V_{ce} 之间的关系满足

$$I_c = f(V_{ce}) \mid_{I_b=常数} \tag{1-2}$$

三极管典型输出特性曲线如图 1-3 所示。根据其静态工作点的不同位置，可以将其分为 3 个主要工作区域：

- 截止区：发射结截止时，基极电流 $I_b=0$，此时集电极电流 I_c 也近似为 0。

- 放大区：发射结导通，并且当管压降 V_{ce} 较大时，集电结处于截止状态。此时输出特性曲线近似为水平直线，集电极电流 I_c 不随管压降 V_{ce} 变化而变化（处于恒流状态），而只随着基极电流 I_b 的增大而增大，I_c 和 I_b 之间存在较为固定的比例关系

$$I_c = \beta I_b \tag{1-3}$$

系数 β 被称为三极管的电流放大倍数。

- 饱和区：发射结导通，但管压降 V_{ce} 较小时，集电结也处于导通状态。集电极电流 I_c 同时受到管压降 V_{ce} 和基极电流 I_b 的调控，输出特性曲线从原点过渡到饱和区的水平直线。

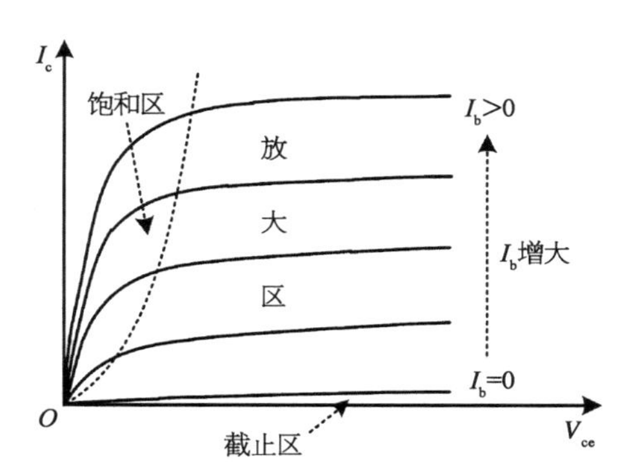

图 1-3　NPN 型三极管的输出特性曲线

通过对三极管输出特性曲线的测量，不仅可以确定三极管在不同电极电压、电流条件下所处的工作状态，还能够测量出 β 等关键参数。

实际测量时，利用双路直流电压源可以分别对三极管的发射结压降 V_{be} 和管压降 V_{ce} 进行调节，以扫描的方式得到多条输入和输出特性曲线。V_{be} 和 V_{ce} 的测量可以使用万用表电压挡完成。为了方便线路连接和测量操作，I_c 和 I_b 的测量通常不直接使用万用表电流挡，而是在被测支路串联一个具有较高精度的采样电阻，通过测量采样电阻两端的电压来换算得到支路电流。一种典型的三极管输入和输出特性曲线测量电路如图 1－4 所示。

这里需要注意的是，连接到 I_c 和 I_b 两条支路的两路直流电压源 V_{bIN} 和 V_{cIN} 的负输入端相连作为系统的参考电平，NPN 型三极管的电压输入值应为正值，PNP 型三极管的电压输入值应为负值，由此可以得到三极管关键参数

$$\begin{cases} V_{bIN},\ V_{cIN}\text{：直流电压源调节} \\ V_{be},\ V_{ce}\text{：万用表测量电压} \\ I_b = (V_{bIN} - V_{be})/R_b \\ I_c = (V_{cIN} - V_{ce})/R_c \end{cases} \tag{1-4}$$

典型的用于信号处理电路的小功率三极管的 β 约为 200～300，工作电压为 5～12 V。集电极电流 I_c 通常在 mA 量级，对应的基极电流 I_b 则通常在 10 μA 量级，因此集电极采样电阻 R_c 通常选用 100 Ω 量级的高精度电阻，基极采样电阻 R_b 通常选用 10 kΩ 量级的高精度电阻，从而满足采样电阻上的电压降均在 100 mV～1 V 量级以方便测量。

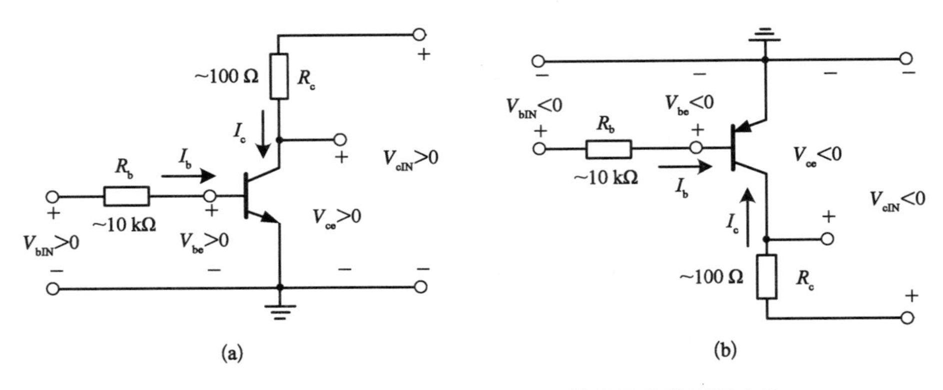

图 1－4　NPN 型(a)和 PNP 型(b)三极管特性曲线测量电路

2. 场效应管的特性曲线

场效应管(这里以常用的增强型绝缘栅场效应管即 MOS 管为代表)通常具有栅极 g、漏极 d 和源极 s 3 个电极。场效应管与三极管最大的区别是，相比于三极管的基极电流 I_b，场效应管栅极采用绝缘材料，因此栅极电流 I_g 很小可以忽略不计。当连接成为实际电路时，MOS 管的输入信号从三极管的基极电流 I_b 替换成栅极与源极之间的电压 V_{gs}，各电极电流和电压的参考方向如图 1-5 所示。MOS 管大多数工作状态下，要求 NMOS 管的 $V_{gs}>0$、PMOS 管的 $V_{gs}<0$。

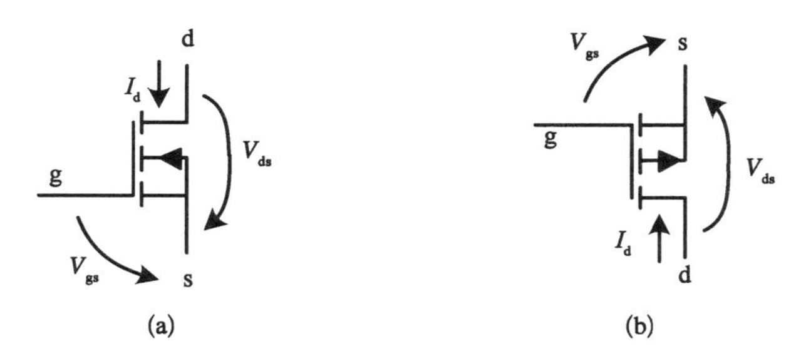

图 1-5　NMOS(a)和 PMOS(b)管的电压、电流参考方向

输出特性曲线定义为：V_{gs}一定的条件下，漏极电流 I_d 和漏极与源极之间的电压(管压降)V_{ds}的关系满足

$$I_d = f(V_{ds})\ |_{V_{gs}=\text{常数}} \tag{1-5}$$

虽然工作原理和三极管不同，但场效应管的输出特性曲线形状与三极管的类似：当 V_{gs}较小时，导电沟道夹断，场效应管工作在**截止区**(亦称亚阈值区)，此时 I_d 很小可近似为 0。当增大 V_{gs}到超过阈值 $V_{gs(TH)}$之后，沟道导通。此时如果 V_{ds}较大，则导电沟道仍然存在夹断区域，使得漏极电流 I_d 几乎不随 V_{ds}变化，叫作**恒流区**(亦称饱和区，注意与三极管的饱和区相区别)。恒流区几乎稳定的电流 I_{dO} 主要受到 V_{gs} 的调控，调控系数叫作低频跨导 g_m，它是场效应管的关键参数，与三极管的 β 具有相同的地位

$$g_m = \frac{\Delta I_{dO}}{\Delta V_{gs}} \tag{1-6}$$

如果 V_{ds} 较小，则 I_d 同时受到 V_{ds} 和 V_{gs} 的调控，输出特性曲线从原点过渡到恒流区的水平直线，被称为**可变电阻区**(亦称线性区)。整体上，小功率的增强型 NMOS 管的输出特性曲线如图 1-6 所示。

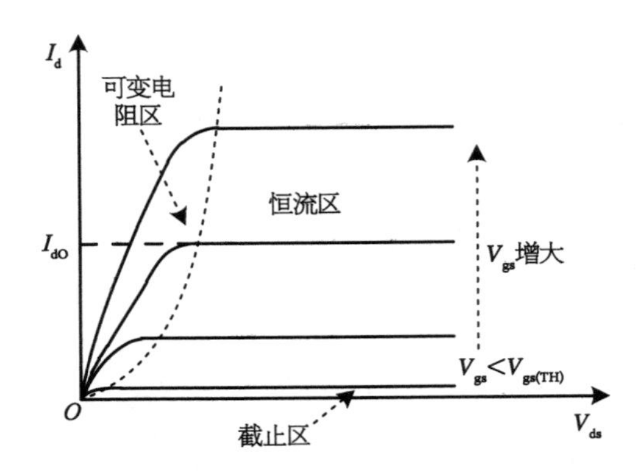

图 1-6　NMOS 管的输出特性曲线

场效应管另外一个重要的特性曲线是转移特性曲线，描述的是当漏极与源极之间的电压(管压降) V_{ds} 一定且场效应管处于恒流区条件下，恒流区电流 I_{dO} 与栅源电压 V_{gs} 的关系满足

$$I_{dO}=f(V_{gs})\ |_{V_{ds}=\text{常数}} \tag{1-7}$$

转移特性曲线可以代替处于恒流区的场效应管的所有输出特性曲线，从中得到 g_m 等参数。当 V_{gs} 较小时，导电沟道夹断，漏极电流 I_d 保持为 0，直至阈值 $V_{gs(TH)}$。对于长沟道场效应管器件，转移特性曲线在 V_{gs} 超过截止区阈值 $V_{gs(TH)}$ 后，近似呈现平方特性，如图 1-7 所示。

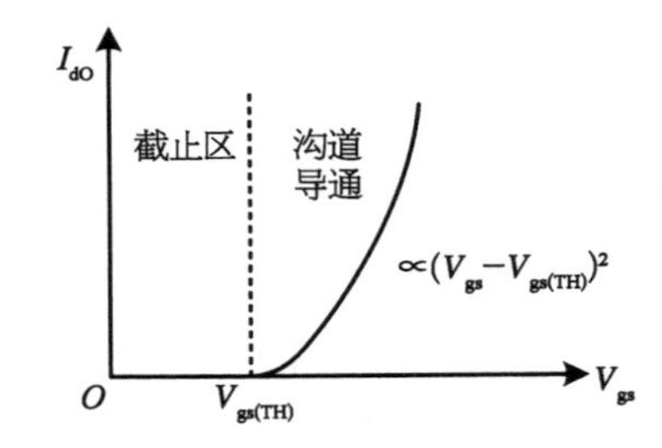

图 1-7　NMOS 管的转移特性曲线

实验内容

1. NPN 型三极管输入特性曲线的测量

（1）如图 1－8 连接被测 NPN 型三极管和采样电阻 R_b，两路可调直流电压源分别可提供 V_{bIN} 和 V_{cIN}。

> **注意**　接线时首先将电压源的参考级与测量电路的地相连接，用万用表检测输出电压极性。调节电压源使输出为正电压后再接入电路。

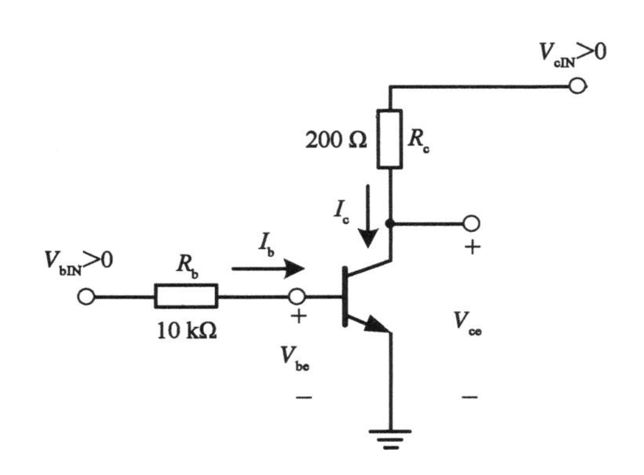

图 1－8　NPN 型三极管特性曲线测试电路

（2）保持 $V_{cIN}=0$ V，将 V_{bIN} 从 0 V 增大，使用万用表测量 V_{bIN} 和 V_{be} 填入表 1－1，利用 R_b 计算出 I_b，绘制输入特性曲线图。与测量二极管 $I-V$ 曲线类似，在 PN 结导通前后应适当增加测量点数，方便作图。

> **注意**　典型的 PN 结导通电压在 300～800 mV，为避免基极电流过大，测量过程应控制 I_b 不超过 50 μA（具体限制与被测三极管型号有关）。

表 1－1　保持 V_{cIN}＝0 V，测量 NPN 型三极管输入特性曲线

设置(参考)	实　　测		计　算
V_{bIN}(mV)	V_{bIN}(mV)	V_{be}(mV)	I_b(μA)
0			
200			
400			
在 PN 结导通电压前后适当增加测量点(至少测量 5 个点)			
600			
650			
700			
750			
800			
850			
900			

(3) 保持 V_{cIN}＝＋5 V，将 V_{bIN}从 0 V 增大，使用万用表测量 V_{bIN}、V_{be}和 V_{ce}填入表 1－2，分析测量结果与表 1－1 中的异同。

表 1－2　保持 V_{cIN}＝＋5 V，测量 NPN 型三极管各节点电压随 V_{bIN}变化情况

设置(参考)	实　　测		
V_{bIN}(mV)	V_{bIN}(mV)	V_{be}(mV)	V_{ce}(mV)
0			
200			

（续表）

设置(参考)	实　测		
V_{bIN}(mV)	V_{bIN}(mV)	V_{be}(mV)	V_{ce}(mV)
400			
600			
650			
700			
750			
800			
850			
900			

2. NPN 型三极管输出特性曲线的测量

(1) 精确调节 V_{bIN}使得电流 I_b 等于 5 μA，固定 V_{bIN}不变。

(2) 利用表 1-1 和表 1-2，可以估计 V_{cIN}在 0～+5 V 变化时 V_{ce}的变化范围，从而确定输出特性曲线中 V_{ce}的扫描范围。

(3) 精确调节 V_{cIN}使得 V_{ce}等于扫描范围内的各个测量点，测量并记录此时的 V_{cIN}，并由此计算出 I_c，填入表 1-3。在曲线拐点附近可适当增加测量点数以保证曲线平滑。

(4) 重新调节 V_{bIN}使得 I_b 分别等于 10 μA、15 μA、20 μA 和 0 μA，重复(1)～(3)测量过程，得到输出特性曲线。

(5) 计算放大区域内集电极电流 I_c的平均值，作为当前基极电流 I_b 条件下的放大区输出电流 I_{cO}，绘制 I_{cO}测量值和 I_b 测量计算值的关系曲线，估算电流放大倍数 β。有条件的情况下可以增加(1)～(4)步骤选择的 I_b 组数，以更精确地分析 β。

表 1-3　NPN 型三极管输出特性曲线测量

I_b=5 μA 测量组			I_b=10 μA 测量组			I_b=15 μA 测量组			I_b=20 μA 测量组			I_b=0 μA 测量组		
实测		计算	实测		计算	实测		计算	实测		计算	实测		计算
V_{bIN}	V_{be}	I_b	V_{bIN}	V_{be}	I_b	V_{bIN}	V_{be}	I_b	V_{bIN}	V_{be}	I_b	V_{bIN}	V_{be}	I_b
实测		计算	实测		计算	实测		计算	实测		计算	实测		计算
V_{cIN}	V_{ce}	I_c	V_{cIN}	V_{ce}	I_c	V_{cIN}	V_{ce}	I_c	V_{cIN}	V_{ce}	I_c	V_{cIN}	V_{ce}	I_c
	0 V			0 V			0 V			0 V			0 V	
	20 mV			20 mV			20 mV			20 mV			20 mV	
	40 mV			40 mV			40 mV			40 mV			40 mV	
	60 mV			60 mV			60 mV			60 mV			60 mV	
	80 mV			80 mV			80 mV			80 mV			80 mV	
	100 V			100 V			100 V			100 V			100 V	
	0.25 V			0.25 V			0.25 V			0.25 V			0.25 V	
	0.50 V			0.50 V			0.50 V			0.50 V			0.50 V	
	0.75 V			0.75 V			0.75 V			0.75 V			0.75 V	
	1.00 V			1.00 V			1.00 V			1.00 V			1.00 V	
	1.25 V			1.25 V			1.25 V			1.25 V			1.25 V	
	1.50 V			1.50 V			1.50 V			1.50 V			1.50 V	
	1.75 V			1.75 V			1.75 V			1.75 V			1.75 V	
	2.00 V			2.00 V			2.00 V			2.00 V			2.00 V	
放大区平均电流 I_{c0}			放大区平均电流 I_{c0}			放大区平均电流 I_{c0}			放大区平均电流 I_{c0}			放大区平均电流 I_{c0}		

3. PNP 型三极管输出特性曲线的测量

如图 1－9 连接被测 PNP 型三极管和采样电阻 R_b，两路可调直流电压源 V_{bIN}和 V_{cIN}需要调节成负值后再接入电路！重复同样的测试结果可以测量 PNP 型三极管的输出特性曲线，填入表 1－4 中。

> **注意** 基于图 1－9 的参考方向，测得各电极电压和电流均为负值，因此表 1－4 统一记录其绝对值。但实验时需要反复确认测得的电压极性是否正确！

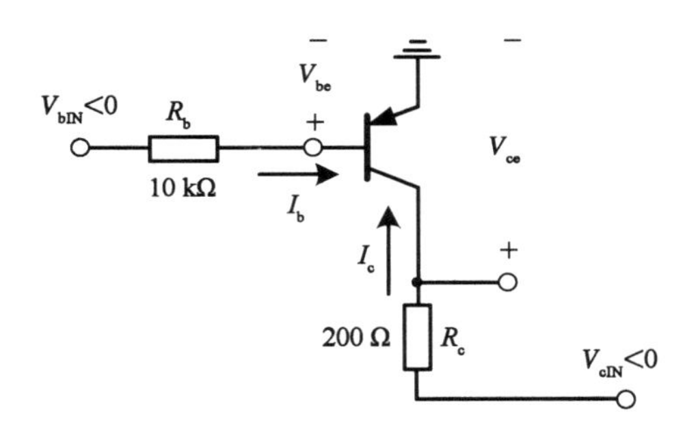

图 1－9　PNP 型三极管特性曲线测试电路

表 1－4　PNP 型三极管输出特性曲线测量

I_b=−5 μA 测量组			I_b=−10 μA 测量组			I_b=−15 μA 测量组			I_b=−20 μA 测量组			I_b=0 μA 测量组		
实测		计算	实测		计算	实测		计算	实测		计算	实测		计算
$\|V_{bIN}\|$	$\|V_{be}\|$	$\|I_b\|$	$\|V_{bIN}\|$	$\|V_{be}\|$	$\|I_b\|$	$\|V_{bIN}\|$	$\|V_{be}\|$	$\|I_b\|$	$\|V_{bIN}\|$	$\|V_{be}\|$	$\|I_b\|$	$\|V_{bIN}\|$	$\|V_{be}\|$	$\|I_b\|$
实测		计算	实测		计算	实测		计算	实测		计算	实测		计算
$\|V_{cIN}\|$	$\|V_{ce}\|$	$\|I_c\|$	$\|V_{cIN}\|$	$\|V_{ce}\|$	$\|I_c\|$	$\|V_{cIN}\|$	$\|V_{ce}\|$	$\|I_c\|$	$\|V_{cIN}\|$	$\|V_{ce}\|$	$\|I_c\|$	$\|V_{cIN}\|$	$\|V_{ce}\|$	$\|I_c\|$
	0 V			0 V			0 V			0 V			0 V	
	20 mV			20 mV			20 mV			20 mV			20 mV	

（续表）

实测		计算	实测		计算	实测		计算	实测		计算	实测		计算
$\|V_{cIN}\|$	$\|V_{ce}\|$	$\|I_c\|$	$\|V_{cIN}\|$	$\|V_{ce}\|$	$\|I_c\|$	$\|V_{cIN}\|$	$\|V_{ce}\|$	$\|I_c\|$	$\|V_{cIN}\|$	$\|V_{ce}\|$	$\|I_c\|$	$\|V_{cIN}\|$	$\|V_{ce}\|$	$\|I_c\|$
	40 mV			40 mV			40 mV			40 mV			40 mV	
	60 mV			60 mV			60 mV			60 mV			60 mV	
	80 mV			80 mV			80 mV			80 mV			80 mV	
	100 mV			100 mV			100 mV			100 mV			100 mV	
	0.25 V			0.25 V			0.25 V			0.25 V			0.25 V	
	0.50 V			0.50 V			0.50 V			0.50 V			0.50 V	
	0.75 V			0.75 V			0.75 V			0.75 V			0.75 V	
	1.00 V			1.00 V			1.00 V			1.00 V			1.00 V	
	1.25 V			1.25 V			1.25 V			1.25 V			1.25 V	
	1.50 V			1.50 V			1.50 V			1.50 V			1.50 V	
	1.75 V			1.75 V			1.75 V			1.75 V			1.75 V	
	2.00 V			2.00 V			2.00 V			2.00 V			2.00 V	
放大区平均电流 I_{cO}			放大区平均电流 I_{cO}			放大区平均电流 I_{cO}			放大区平均电流 I_{cO}			放大区平均电流 I_{cO}		

测量完成之后，同样绘制 I_{cO} 测量值和 I_b 测量计算值的关系曲线，估算电流放大倍数 β，并比较实验测量的 NPN 型和 PNP 型三极管的性能区别。

4. MOS 管输出特性和转移特性曲线的测量

如图 1-10 连接被测 MOS 管（NMOS 管或 PMOS 管选择其一）和采样电阻，NMOS 管与 PMOS 管测量电路相似。由于 MOS 管栅极电流很小，因此可以近似认为 $V_{gIN}=V_{gs}$。

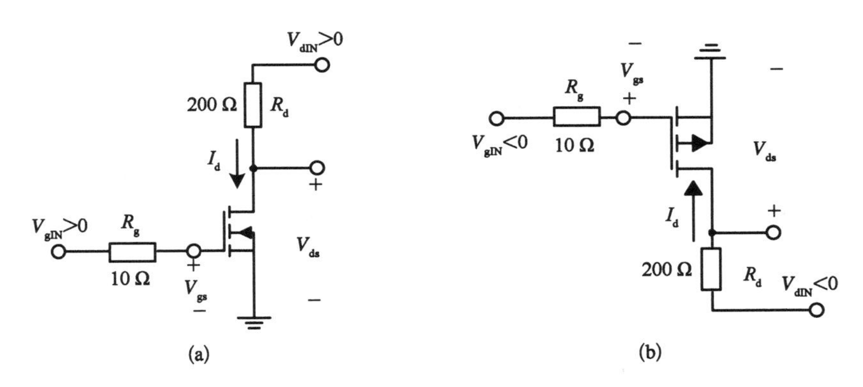

图 1-10　NMOS(a)和 PMOS(b)管特性曲线测试电路

通常分立器件的 MOS 管，其 V_{gs} 的阈值电压 $V_{gs(TH)}$ 大约为 900 mV～1 V。固定 V_{gs} 不变，测量 I_d 随 V_{ds} 的变化，得到 MOS 管的输出特性曲线，填入表 1-5 中。

表 1-5　MOS 管输出特性曲线测量(参考)

$V_{gIN}=V_{gs}=1.0$ V			$V_{gIN}=V_{gs}=1.2$ V			$V_{gIN}=V_{gs}=1.4$ V			$V_{gIN}=V_{gs}=1.6$ V			$V_{gIN}=V_{gs}=1.8$ V		
实测		计算	实测		计算	实测		计算	实测		计算	实测		计算
$\|V_{dIN}\|$	$\|V_{ds}\|$	$\|I_d\|$	$\|V_{dIN}\|$	$\|V_{ds}\|$	$\|I_d\|$	$\|V_{dIN}\|$	$\|V_{ds}\|$	$\|I_d\|$	$\|V_{dIN}\|$	$\|V_{ds}\|$	$\|I_d\|$	$\|V_{dIN}\|$	$\|V_{ds}\|$	$\|I_d\|$

(续表)

$V_{gIN}=V_{gs}=1.0\ V$			$V_{gIN}=V_{gs}=1.2\ V$			$V_{gIN}=V_{gs}=1.4\ V$			$V_{gIN}=V_{gs}=1.6\ V$			$V_{gIN}=V_{gs}=1.8\ V$		
实测		计算	实测		计算	实测		计算	实测		计算	实测		计算
$\|V_{dIN}\|$	$\|V_{ds}\|$	$\|I_d\|$	$\|V_{dIN}\|$	$\|V_{ds}\|$	$\|I_d\|$	$\|V_{dIN}\|$	$\|V_{ds}\|$	$\|I_d\|$	$\|V_{dIN}\|$	$\|V_{ds}\|$	$\|I_d\|$	$\|V_{dIN}\|$	$\|V_{ds}\|$	$\|I_d\|$
恒流区平均电流 I_{dO}			恒流区平均电流 I_{dO}			恒流区平均电流 I_{dO}			恒流区平均电流 I_{dO}			恒流区平均电流 I_{dO}		

测量完成之后，计算恒流区域内 I_d 的平均值，作为当前 V_{gs} 条件下的 I_{dO}，绘制 I_{dO} 和 V_{gs} 的关系曲线，得到转移特性曲线，测量 g_m。

实验总结

（1）依照实验流程完成 Multisim 仿真和实验测试部分。进行 Multisim 仿真时选择一款合适的三极管和场效应管（如 NPN 型三极管可选择 2N2222，PNP 型三极管可选择 2N5401 等），可利用直流扫描方式直接得到 $I-V$ 曲线。

（2）根据实验测试原始数据，描点绘制 NPN 和 PNP 型三极管的输出特性曲线，计算放大区域内集电极电流 I_c 的平均值，作为当前基极电流 I_b 条件下的放大区输出电流 I_{cO}。绘制 I_{cO} 测量值和 I_b 测量计算值的关系曲线，估算电流放大倍数 β。

实验报告要求呈现 NPN 型三极管输入特性曲线（至少 1 条），NPN 型三极管输出特性曲线（至少 5 条），NPN 型三极管 $I_{cO}-I_b$ 曲线（至少 5 个点）；PNP 型三极管输出特性曲线（至少 5 条），PNP 型三极管 $I_{cO}-I_b$ 曲线（至少 5 个点）。

（3）根据实验测试原始数据，描点绘制 NMOS 或 PMOS 管的输出特性曲线，计算恒流区域内漏极电流 I_d 的平均值，作为当前 V_{gs} 条件下的恒流区输出电流 I_{dO}，绘制 I_{dO}-V_{gs} 曲线，得到转移特性曲线。

实验思考

（1）利用表 1-1 和表 1-2 数据分别绘制 I_b-V_{be} 曲线，得到的曲线有何异同？它们是否都可以被称为输入特性曲线？结合之后的测试流程，思考表 1-2 测量的数据对之后输出特性曲线的测试有什么指导意义。

（2）利用表 1-2 的数据绘制 V_{ce}-V_{be} 曲线，描述曲线可以划分成哪几个阶段？这些阶段与三极管的哪些工作状态相对应？进一步思考处于不同区域的三极管分别可以作为什么功能的电路使用。

（3）利用 MOS 管转移特性曲线测量 g_m，思考 g_m 与哪些参数有关。

实验二 单级放大电路

实验目的

（1）熟悉电子元器件及其在电路中的作用。

（2）掌握放大器静态工作点的调试方法及其对放大器性能的影响。

（3）学习测量放大器静态工作点、放大倍数、输入和输出电阻的方法，了解共射极放大电路的特性。

（4）学习放大器的动态性能。

实验原理

放大器的基本任务是在不失真的条件下对输入信号进行放大，研究放大器就是研究：① 怎样保证放大器对波形不造成失真；② 怎样使放大器具有较大增益。

图 2-1 是一个简单的共射级放大电路。BG 是一个 NPN 型的晶体管，担负着放大的作用，是整个放大器的核心元件。V_{cc}是整个放大器的能源。R_c 是集电极负载电阻，通过它把放大了的集电极电流转换成电压输出。R_{b1}、R_{b2} 串联接在 V_{cc}两端构成一个分压电路，以保证基极-发射极的正向供电$\left(基极电位\ V_b=\dfrac{R_{b2}}{R_{b1}+R_{b2}}\cdot V_{cc}\right)$。 R_e为发射极电阻，它有两个作用：

① 同R_{b1}、R_{b2}共同决定晶体管基极偏流；② 起到直流负反馈的作用，稳定集电极电流 $I_c\left(发射极电流\ I_e=\frac{V_e}{R_e}=\frac{V_b-V_{bc}}{R_e}\right)$。$C_e$为发射极旁路电容，其容量很大，对于交流信号可视为短路，保证发射极的交流"地"电位，否则将引起放大倍数下降，因为当没有 C_e时，R_e既起直流负反馈作用，也起交流负反馈的作用，从而使电压放大倍数下降。

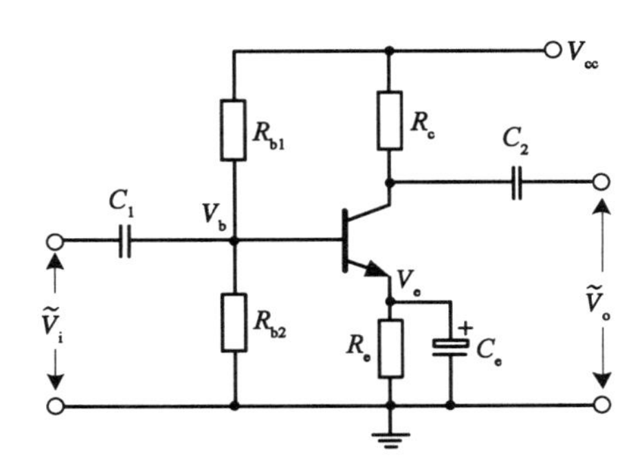

图 2－1　单级放大电路

为了避免放大器在放大过程中对输入信号造成失真，必须对放大器设置静态工作点 Q。放大器的静态工作点指在没有交流信号输入时，晶体管各极（发射极 e、基极 b 和集电极 c）及它们之间的电流和电压，以基极电流 I_{bQ}、集电极电流 I_{cQ}、集电极与发射极之间的电压 U_{ceQ}等来表示：

- 集电极电流：$I_{cQ}=\beta I_{bQ}$。
- 发射极电流：$I_{eQ}=I_{cQ}+I_{bQ}\approx I_{cQ}$。
- 集电极与发射极之间的电压：$V_{ceQ}=V_{cc}-I_{cQ}(R_c+R_e)$。
- 基极与发射极之间的电压：$V_{beQ}=V_{bQ}-V_{eQ}$。

正常情况下，V_{beQ}为阈值电压。硅管的 V_{beQ}在 0.7 V 左右，锗管的 V_{beQ}在 0.3 V左右。当放大电路确定后，静态工作点的确定就取决于基极电流 I_b的选取了。所以通过改变 R_{b1}的阻值即可调整静态工作点 Q。

静态工作点 Q 的选取对放大器的性能影响可见图 2－2 和图 2－3。

由图 2－2 可见，不设置静态工作点的放大器，当输入信号小于晶体管的死区电压（硅管约 0.5 V，锗管约 0.2 V）时，基极电流 I_b为零。只有当输入信

号 V_i 大于死区电压(图中 ABC 区域)时,才有基极电流 I_b。这使得整个输入信号中只有一小部分信号被放大输出,因此输出信号发生畸变。

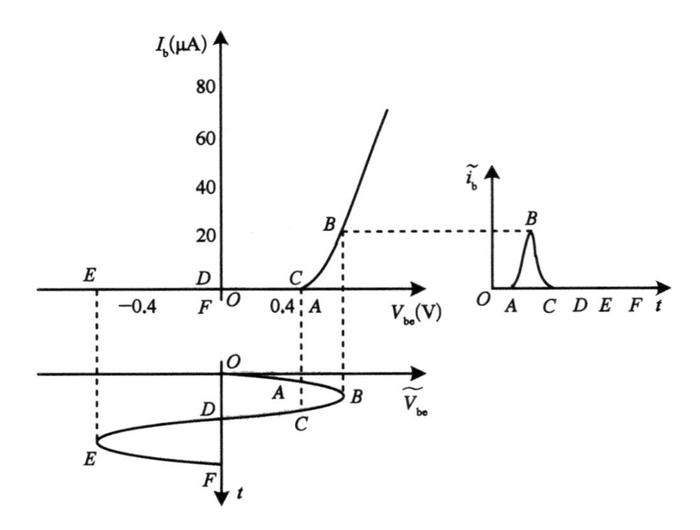

图 2-2 未设置静态工作点的放大器发生信号失真的情况

再看图 2-3 的情况,当放大器负载一定时,如果将工作点选得偏高(如图中 Q_1 点),在信号的正半周时,放大器饱和,造成信号失真(饱和失真)。如果将工作点选得偏低(如图中 Q_2),在信号的负半周时,放大器截止,也造成信号失真(截止失真)。因此,只有将工作点选得适中(线性放大区),才能避免信号失真,保证放大器正常工作。

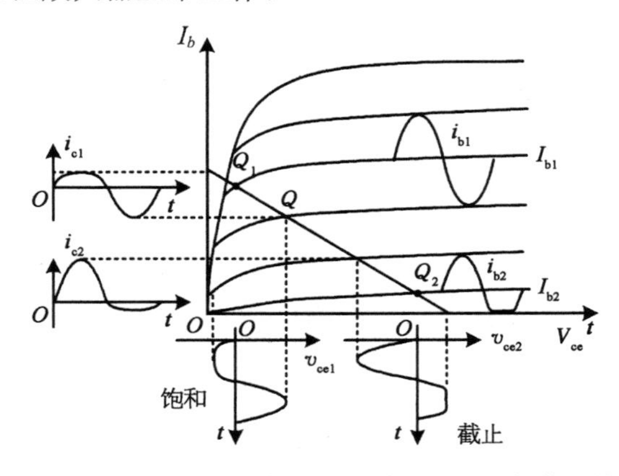

图 2-3 由于工作点选择不当所造成的饱和与截止状态

静态工作点调整好后，为说明放大电路的放大能力，定义电压放大倍数为放大器的输出正弦电压与输入正弦电压的复数值之比

$$\dot{A}_{\mathrm{v}}=\frac{\dot{V}_{\mathrm{o}}}{\dot{V}_{\mathrm{i}}} \tag{2-1}$$

在测量放大电路的放大倍数时，通常用输出电压的有效值与输入电压有效值之比来表示

$$A_{\mathrm{v}}=\frac{V_{\mathrm{o}}}{V_{\mathrm{i}}} \tag{2-2}$$

从放大器的放大倍数定义为复数可见，放大倍数是与频率有关的，这种关系通常叫作放大器的频率特性。放大倍数的模与频率之间的关系叫作放大器的幅频特性，如图 2-4 所示。

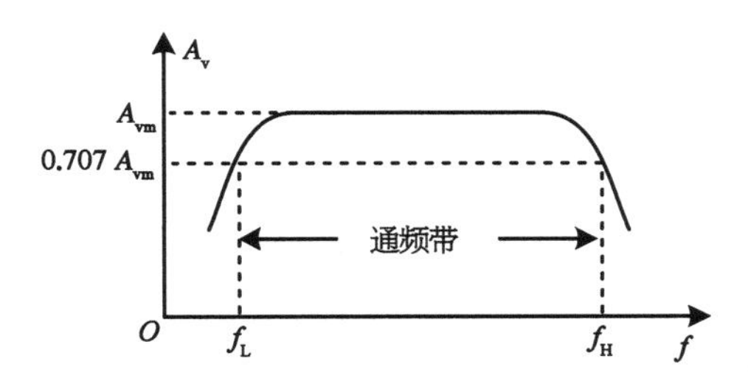

图 2-4　幅频特性

从幅频特性中可以看到，中频段的放大倍数 A_{vm} 最大，而且基本上不随频率而变化。然而在中频段以外，随着频率的升高或降低，放大倍数将随之下降，当放大倍数下降到中频放大倍数 A_{vm} 的 70.7%时，对应的频率分别为上限频率 f_{H} 和下限频 f_{L}。f_{H} 和 f_{L} 之间的频率范围叫作通频带 Δf，$\Delta f=f_{\mathrm{H}}-f_{\mathrm{L}}$。

实验内容

1. 连接电路

(1) 用万用表判断实验箱上三极管 T 和电解电容 C 的极性和好坏。

(2) 按图 2－5 所示，连接电路，将 R_p的阻值调到最大位置。

注意 接线前先测量＋12 V 电源，切断电源后再连线。

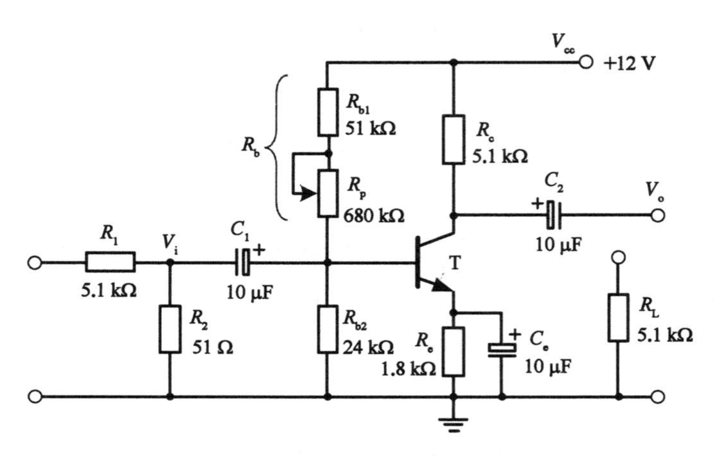

图 2－5　实验单级放大电路

(3) 接线完毕仔细检查，确定无误后接通电源。

2. 静态工作点的测量和调整

改变 R_p，记录 I_c分别为 0.5 mA、1.0 mA 时放大器工作点，并求出三极管的 β，填入表 2－1。

表 2－1　静态工作点测量

I_c=0.5 mA				I_c=1.0 mA			
V_c	V_b	R_b	I_b(计算)	V_c	V_b	R_b	I_b(计算)
9.45 V				6.9 V			
β				β			

3. 动态研究

调整 R_p，使 V_e=2.2 V。

(1) 将信号发生器调为频率为 1 kHz、有效值为 5 mV 的正弦波信号，接到放大器输入端 V_i，观察 V_i 和 V_o 端波形并比较它们的相位(一般采用加衰减的办法输入小信号，即信号源采用一个较大的信号例如 100 mV，经实验板上 R_1、R_2 按 100∶1 衰减后降为 1 mV)。

(2) 信号源频率不变，逐渐加大幅值，观察 V_o 是否失真，并将结果填入表 2-2。

表 2-2 正弦波信号放大

($R_L=\infty$)

实 测		实测计算	理论估算
V_i(mV)	V_o(mV)	A_v	A_v
5			
10			
15			

(3) 保持 V_i=5 mV 不变，放大器接入负载 R_L，在改变 R_c 数值情况下测量，并将计算结果填入表 2-3。

表 2-3 不同负载 R_L 及 R_c 情况下的信号放大测量

给定参数		实测		实测计算	理论估算
R_c(kΩ)	R_L(kΩ)	V_i(mV)	V_o(mV)	A_v	A_v
2	5.1				
2	2.2				
5.1	5.1				
5.1	2.2				

(4) 观察输出波形失真。将正弦波信号幅值调整为 15 mV,增大和减小 R_p,观察 V_o波形变化,测量并将结果填入表 2-4。

注意 若失真观察不明显可增大或减少 V_i幅值后重新测量。

表 2-4 典型输出波形情况下对应的静态工作点

(R_c=5.1 kΩ, R_L=∞)

R_p	V_b(V)	V_c(V)	V_e(V)	输出波形情况(绘图/拍照)
较大(明显失真)				
合适(不失真)				
较小(明显失真)				

4. 放大器输入、输出电阻的测量

1) 测量输入电阻

输入电阻测量原理如图 2-6 所示。具体地,在图 2-5 所示的单级放大电路中保持 V_e=2.2 V,断开电阻 R_2(51 Ω),使输入端只串接一个 5.1 kΩ 的电阻,然后用毫伏表监控 V_i,通过调节输入正弦波 V_s幅值(注意 V_s有效值大致在 10~20 mV)使 V_i有效值接近 5 mV,测量此时 V_s和 V_i即可计算输入电阻 r_i。

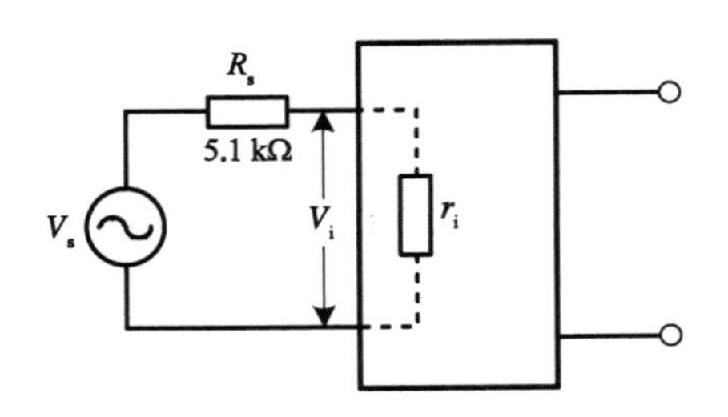

图 2-6 输入电阻测量示意图

2）测量输出电阻

测量原理如图 2－7 所示。具体地，在图 2－5 所示的单级放大电路中保持 V_e＝2.2 V，输入合适幅值的正弦波信号使放大器输出不失真（接入示波器进行监视），然后测量有负载（在输出端接入 5.1 kΩ 电阻 R_L 作为负载电阻）和空载（断开 R_L）时的 V_o 即可计算输出电阻 r_o。

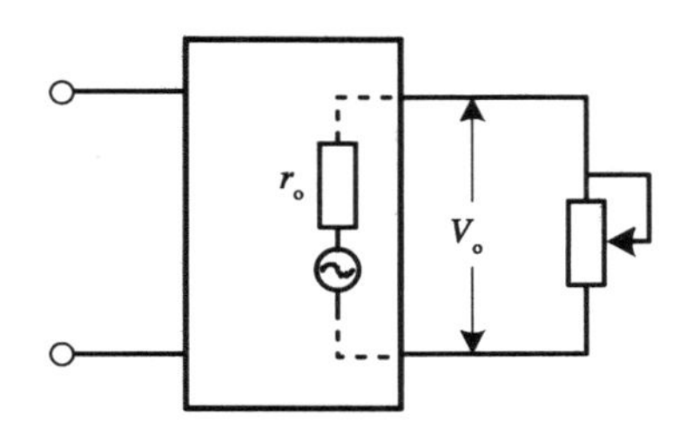

图 2－7　输出电阻测量示意图

将上述测量及计算结果填入表 2－5 中。

表 2－5　输入电阻和输出电阻的测量

测输入电阻				测输出电阻			
实　测		实测计算	理论估算	实　测		实测计算	理论估算
V_s(mV)	V_i(mV)	r_i(kΩ)	r_i(kΩ)	V_o ($R_L=\infty$)	V'_o ($R_L=$ 5.1 kΩ)	r_o(kΩ)	r_o(kΩ)

实验总结

（1）注明你所完成的实验内容，简述相应的基本结论。

（2）选择你在本实验中感受最深的一项实验内容，写出较详细的报告。要求使懂得电子电路原理但没有看过本书的人可以看懂你的实验报告，并相信你从实验中得出的基本结论。

实验三　多级放大电路与负反馈

实验目的

（1）掌握设置两级放大电路的静态工作点的方法，了解信号失真的原理及消除方法。

（2）了解两级放大器的幅频特性，学会测试其频率特性。

（3）研究负反馈对放大器性能的影响，掌握反馈放大器性能的测试方法。

实验原理

晶体管的静态工作点是影响放大器性能的主要因素，其变动可使放大器的性能发生显著变化，原因如下：

- 晶体管参数均随静态工作点的变化而变化。
- 放大器的非线性失真和动态范围大小与静态工作点的位置相关。
- 偏置电路的温度稳定性与静态工作点的位置相关。

1. 多级放大器的电压放大倍数

图 3-1 是一个两级阻容耦合放大电路。可看到第一级（T1）的输出电压 V_{o1} 就是第二级（T2）的输入电压 V_{i2}，因此放大器的总电压放大倍数可以

表示为

$$A_{v}=\frac{V_{o2}}{V_{i}}=\frac{V_{o2}}{V_{i1}}=\frac{V_{o1}}{V_{i1}}\cdot\frac{V_{o2}}{V_{o1}}=\frac{V_{o1}}{V_{i1}}\cdot\frac{V_{o2}}{V_{i2}}=A_{v1}\cdot A_{v2} \quad (3-1)$$

式(3－1)表明,两级放大器总电压放大倍数等于第一级和二级电压放大倍数的乘积。推广到多级放大器,总电压放大倍数等于各级电压放大倍数的乘积

$$A_{v}=A_{v1}\cdot A_{v2}\cdot A_{v3}\cdots\cdots A_{vn} \quad (3-2)$$

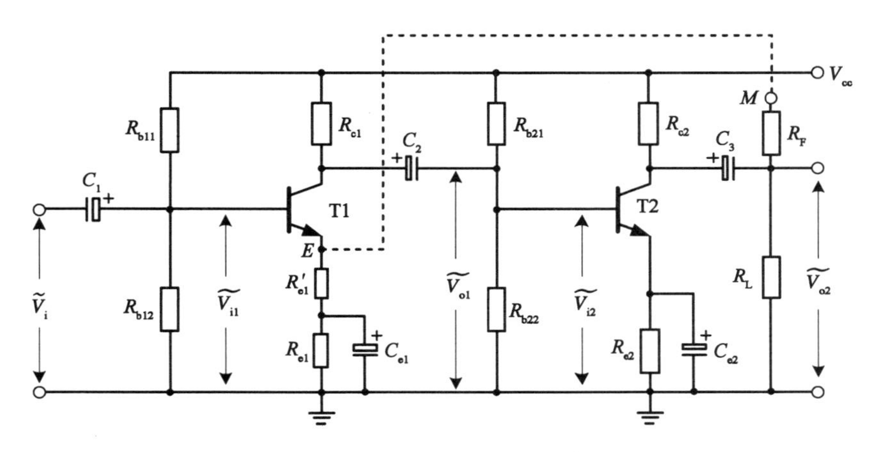

图 3－1 两级阻容耦合放大电路

2. 放大器的幅频特性

在实际应用中,所要求放大的信号,常常不是单一频率的,而是处于一个频率范围。但是,放大器对不同频率信号的放大作用并非完全一样。具体地,电压放大倍数的模和幅角都随信号频率的变化而变化

$$A_{v}=A_{v}(f)\angle\varphi(f) \quad (3-3)$$

其中,$A_{v}(f)$表示电压放大倍数的模和频率 f 的关系,叫作幅频特性。

阻容耦合放大器的幅频特性如图 3－2 所示。中频段,电压放大倍数最大,而且几乎不随信号频率而变化;低频段,由于耦合电容的分压作用及射极电容的旁路作用减弱,电压放大倍数降低;高频段,由于晶体管极间电容和连接导线分布电容的存在,其分流作用也使得电压放大倍数降低。

图 3－2 中 A_o是放大器的中频放大倍数。在实际应用中一般规定，当 A_v下降到 $\frac{1}{\sqrt{2}}A_o$时，相应的低端频率 f_L和高端频率 f_H分别叫作下限频率和上限频率。$B=f_H-f_L$叫作放大器的通频带。

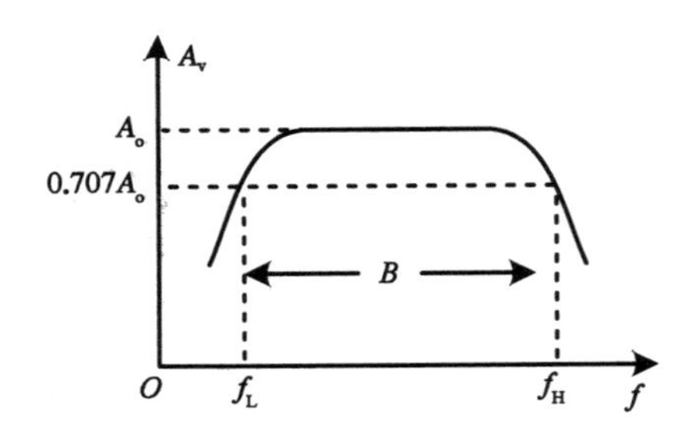

图 3－2　放大器的幅频特性

两级电路参数相同的放大器，其单级通频带也相同，而总的通频带将变窄，如图 3－3 所示。

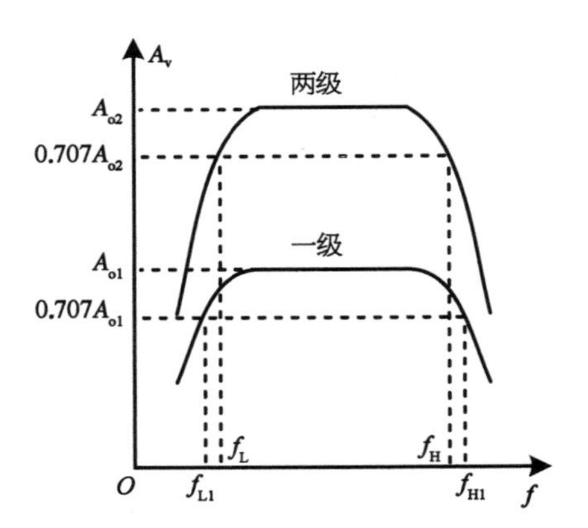

图 3－3　两级、一级放大器幅频特性

3. 负反馈对放大器性能的影响

反馈在电子技术中得到广泛应用。所谓反馈就是将放大器的输出信号（电压或电流）的一部分或全部，通过适当的电路（反馈网络）送回到放大电路的输入回路，使放大器获得某些性能的改善。在电子技术中，有正反馈和负反馈两类反馈。但如何判断电路的反馈属于哪一类？可以采用瞬时极性法。先假定输入信号处于某一个瞬时极性(⊕或⊖)，然后逐级推出电路其他有关各点瞬时信号的极性情况，最后判断反馈到输入端信号的瞬时极性是增强了还是削弱了原来的输入信号。如果反馈回来的信号增强了原输入信号则为正反馈；反之，则是负反馈。

根据反馈的取样方式，可以分为电压反馈和电流反馈。如何确定电路究竟是电压反馈还是电流反馈？可将放大电路的输出端 V_o 进行交流短路，使 $V_o=0$，如果此时放大电路的反馈信号不存在，则是电压反馈；如果反馈信号依然存在，则是电流反馈。

根据反馈信号与输入信号在放大器输入端的连接方法不同，又可分为串联反馈和并联反馈：

- 串联反馈：反馈信号与原输入信号构成串联形式。
- 并联反馈：反馈信号与原输入信号构成并联形式。

如上所述，负反馈电路的连接方式可以有 4 种基本形式：① 电压串联负反馈；② 电流串联负反馈；③ 电压并联负反馈；④ 电流并联负反馈。

放大电路中引入负反馈后，对放大电路工作性能的影响大致有：① 放大倍数下降，但提高了稳定性；② 减小非线性失真，抑制干扰、扩展频带；③ 对输入电阻的影响，如为串联负反馈则提高输入电阻，如为并联负反馈则降低输入电阻；④ 对输出电阻的影响，如为电压负反馈，则降低输出电阻，如为电流负反馈则提高输出电阻。

为改善多级放大器性能，常常引进负反馈。图 3－1 中，如果将 M 点与 E 点连接起来，就构成了一个串联电压负反馈的放大器。负反馈的引入，虽然使放大倍数有所降低，但却提高了放大的稳定性。

实验内容

1. 两级放大电路

实验电路见图 3－4。

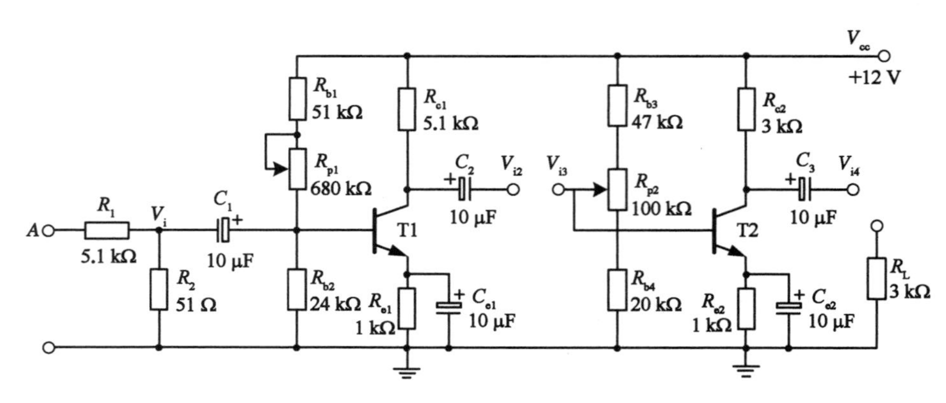

图 3-4　两级交流放大电路

1）设置静态工作点

(1) 按图 3-4 接线，注意接线尽可能短。

(2) 设置静态工作点。要求第二级在输出波形不失真的前提下幅值尽量大，第一级为增加信噪比点尽可能低（实验中 I_{c1} 取 0.5 mA）。

(3) 在输入端加上频率为 1 kHz、有效值为 1 mV 的交流信号（一般采用在实验箱上加衰减的办法：信号源用一个较大的信号，例如 100 mV，经实验箱上 R_1、R_2 按 100∶1 衰减后降为 1 mV）。调整工作点使输出信号不失真。

注意 如发现有寄生振荡，可采用以下措施消除：

- 重新布线，尽可能使走线短。
- 在三极管发射级和基级间加几 pF 到几百 pF 的电容。
- 信号源与放大器间用屏蔽线连接。

2）按表 3-1 要求测量并计算，注意测静态工作点时应断开输入信号

3）接入负载电阻 R_L=3 kΩ，按表 3-1 测量并计算，比较实验内容 1 中 2)、3)的结果

表 3－1　两级放大器的静态工作点及输入/输出电压测量

	静态工作点						输入/输出电压(mV)			电压放大倍数		
	第一级			第二级						第一级	第二级	整体
	V_{c1}	V_{b1}	V_{e1}	V_{c2}	V_{b2}	V_{e2}	V_i	V_{o1}	V_{o2}	A_{v1}	A_{v2}	A_v
空载												
负载												

4）测两级放大器的频率特性

（1）将放大器负载断开，先将输入信号频率调到 1 kHz，调到使输出幅值最大而不失真。

（2）保持输入信号幅值不变，改变频率，按表 3－2 测量并记录。

（3）连上负载，重复上述实验。

表 3－2　两级放大器的频率特性测量

f(Hz)		50	100	250	500	1 k	5 k	10 k	50 k	70 k	100 k	120 k	150 k	200 k	250 k
V_{o2}	$R_1=\infty$														
	$R_L=$ 3 kΩ														

2. 两级负反馈放大电路

1）两级负反馈放大器开环和闭环放大倍数的测试

开环电路

（1）按图 3－5 接线，反馈信号（R_F与 C_F）先不接入。

（2）按表 3－3 要求进行测量并填表。

（3）根据实测值计算开环放大倍数和输出电阻 r_o。

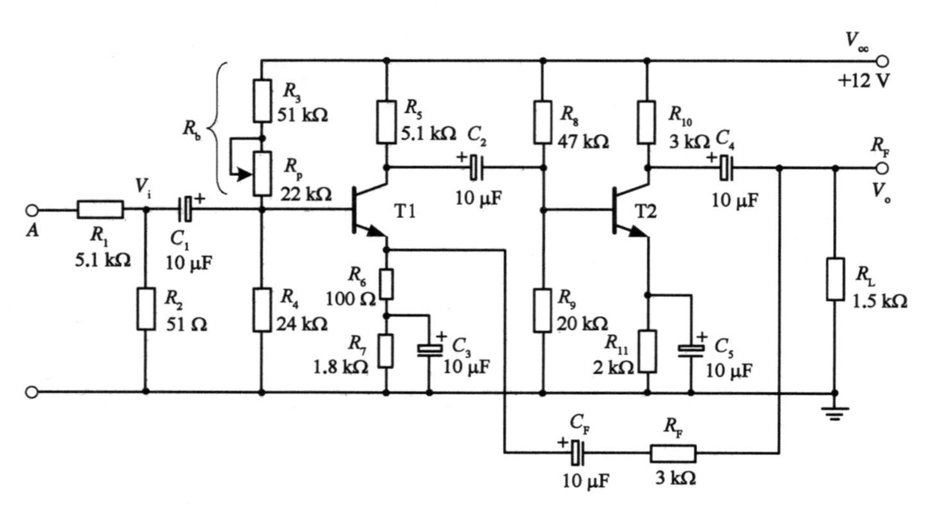

图 3-5　反馈放大电路

闭环电路

(1) 接入反馈信号(R_F与 C_F)。

(2) 按表 3-3 要求测量并填表。

(3) 根据实测值计算闭环放大倍数和输出电阻 r_o。

表 3-3　两级负反馈放大器的开环和闭环放大倍数测量

	R_L(kΩ)	V_i(mV)	V_o(mV)	$A_v(A_{vF})$	r_o
开环	∞	1			
	1.5	1			
闭环	∞	1			
	1.5	1			

2) 负反馈对失真的改善作用

(1) 将图 3-5 电路开环,逐步加大 V_i的幅值,使输出信号出现失真,记录输入、输出信号的幅值。

(2) 将电路闭环,观察输出情况,并适当增加 V_i 幅值,使输出幅值接近开环时失真波形幅值,记录输入、输出信号的幅值。

(3) 若 $R_F=3\ \text{k}\Omega$ 不变,但反馈信号(R_F)接入 T1 的基极,会出现什么情况? 通过实验验证。

(4) 总结反馈对失真改善的特点。

3) 测两级放大器频率特性

(1) 将图 3-5 电路先开环,选择 V_i 适当幅值(频率为 1 kHz、有效值为 1 mV)使输出信号在示波器上显示为满幅正弦波。

(2) 保持输入信号幅值不变逐渐增加频率,直到波幅减小为原来的 70%,此时信号频率即为放大器 f_H。

(3) 条件同上,但逐渐减小频率,测得 f_L。

(4) 将电路闭环,重复(1)~(3),并将结果填入表 3-4。

表 3-4　两级负反馈放大器的开环和闭环频率特性测量

	f_H(kHz)	f_L(Hz)
开环		
闭环		

实验总结

(1) 整理实验数据,分析实验结果。

(2) 画出实验电路的频率特性简图,标出 f_H 和 f_L。

(3) 写出增加频率范围的方法。

(4) 根据实验内容总结负反馈对放大电路的影响。

实验四 运算放大器及其应用

实验目的

（1）了解由集成运算放大器组成的比例、求和、积分、微分电路的性能特点，并掌握上述电路的测试和分析方法。

（2）熟悉有源滤波器的构成及其特性，并学会测量有源滤波器幅频特性。

实验原理

线性集成电路(简称线性组件)实际上就是一个具有高放大倍数的直流放大器。在它外部接上深度电压负反馈电路之后，便构成了运算放大器。

1. 比例、求和、积分、微分电路

运算放大器可对电信号进行比例、求和、积分、微分等数学运算。

图 4－1 是反相比例放大器，输出电压与输入电压为比例运算关系

$$\frac{V_o}{V_1}=\frac{-R_F}{R_1} \tag{4-1}$$

图 4－2 是同相输入比例放大器，输出电压与输入电压也构成比例关系

$$\frac{V_o}{V_i}=\frac{R_1+R_F}{R_1} \tag{4-2}$$

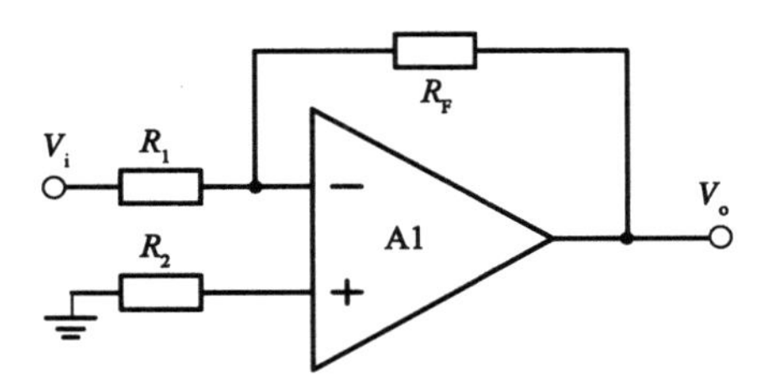

图 4-1　反相比例放大器

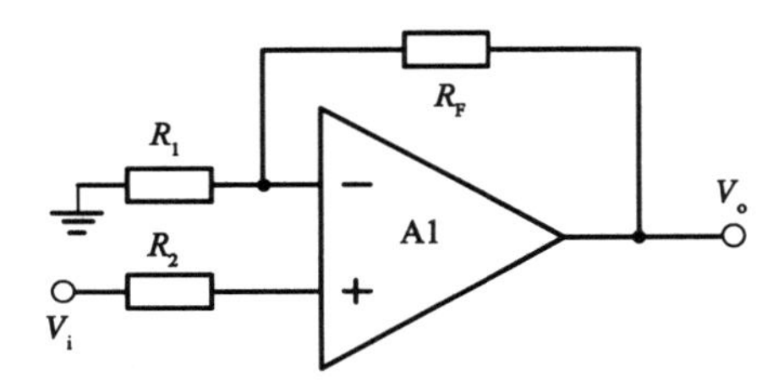

图 4-2　同相输入比例放大器

图 4-3 是反相加法器电路，输出电压与输入电压的和(或差)成比例

$$V_o=-\left[\frac{R_F}{R_1}V_{i1}+\frac{R_F}{R_2}V_{i2}\right] \tag{4-3}$$

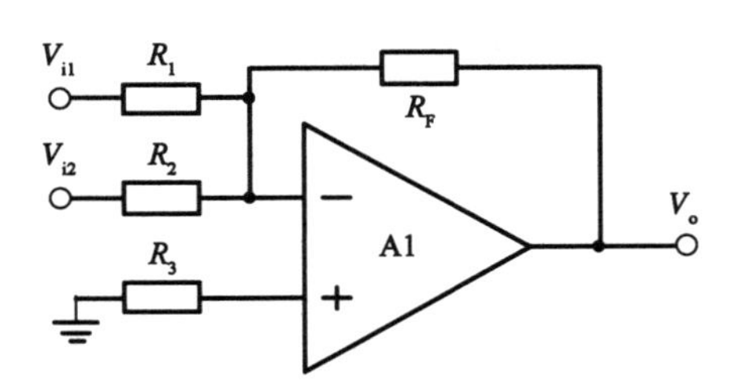

图 4-3　反相加法电路

当取 $R_1=R_2=R$ 时，则有 $V_o=-\frac{R_F}{R_1}(V_{i1}+V_{i2})$。

图 4-4 是积分运算电路，输出电压是输入电压对时间的积分

$$V_o = -\frac{1}{R_1 C}\int V_i \mathrm{d}t \tag{4-4}$$

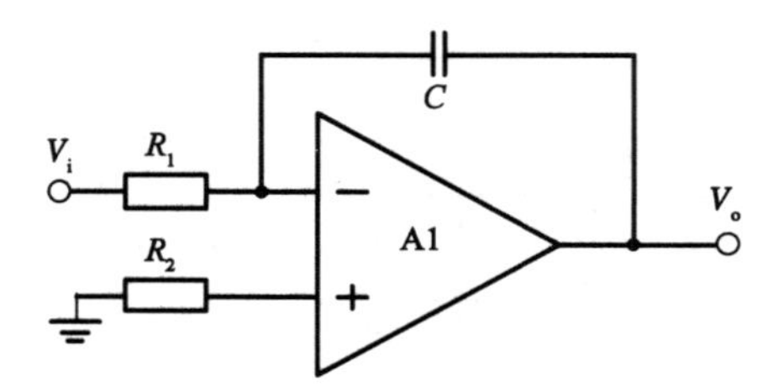

图 4－4　积分运算电路

当 $V_i = E$(直流)时

$$V_o = -\frac{E}{R_1 C}\cdot t \tag{4-5}$$

如果输入 V_i 是方波信号，输出便是锯齿波电压，如图 4－5 所示。

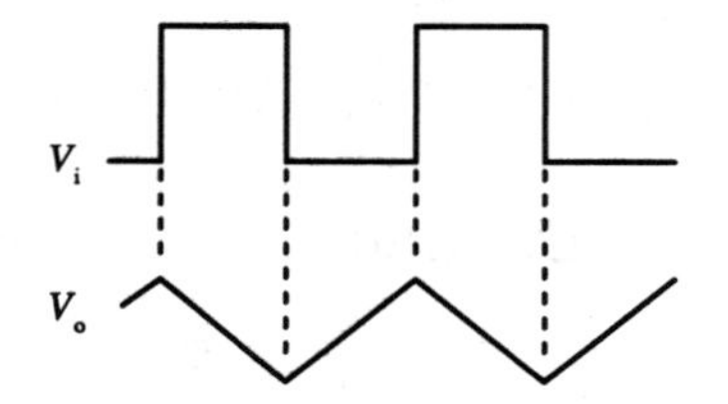

图 4－5　积分运算电路的输入、输出波形

图 4－6 是微分运算电路，输出电压是输入电压的微分

$$V_o = -RC\,\frac{\mathrm{d}V_i}{\mathrm{d}t} \tag{4-6}$$

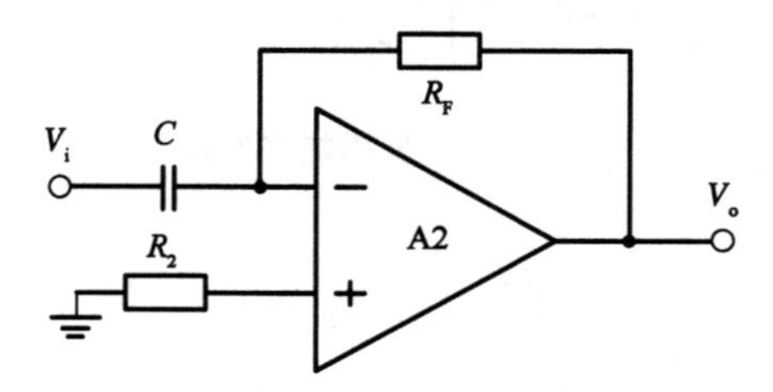

图 4－6　微分运算电路

当 V_i 为常数时，V_o 基本上等于零；当 V_i 为矩形波时，V_o 便为两个正负相间的窄脉冲波。如图 4－7 输入、输出波形所示。

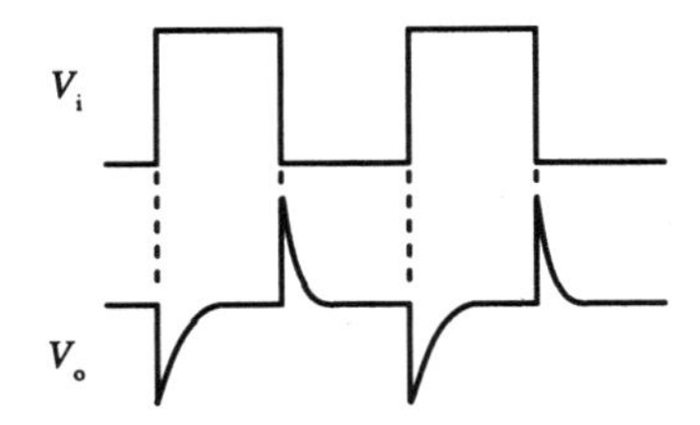

图 4－7　微分运算电路的输入、输出波形

2. 有源滤波器

有源滤波器是一种具有特定频率响应的放大器，可在运算放大器的基础上增加 RC 网络组成。

滤波器的作用是选频，即允许一部分频率信号通过，而使另一部分频率信号急剧衰减（被滤掉）。根据工作信号的频率范围，滤波器可分为 4 类：低通、高通、带通和带阻滤波器。下面举例说明低通滤波器的原理。

低通滤波器允许其低于截止频率的成分以小的衰减通过，而抑制高于截止频率的成分。最简单的一阶低通滤波器如图 4－8 所示，其时间常数 $\tau = RC$，截止角频率 $\omega_0 = 1/RC$。

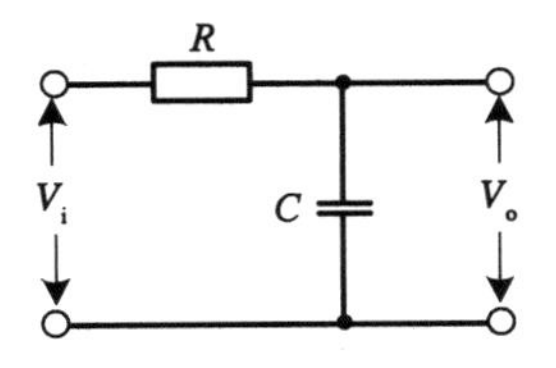

图 4－8　一阶低通滤波器

较常用的有源低通滤波器有单端正反馈型二阶滤波器，如图 4－9 所示。二阶低通滤波器的传输函数为

$$\dot{G}_L(S) = \frac{\dot{V}_o}{\dot{V}_i} = \frac{G_0\omega_0^2}{S^2 + \frac{\omega_0}{Q}S + \omega_0^2} \tag{4-7}$$

其中 G_0 是通带内的增益，常取 $G_0=1$；$S=\mathrm{j}\omega$ 为复数；ω_0 是截止角频率；Q 是选择因子。因此，式(4－7)可变成

$$\dot{G}_{\mathrm{L}}(\mathrm{j}\omega)=\frac{1}{\left(1-\frac{\omega^2}{\omega_0^2}+\mathrm{j}\frac{\omega}{Q\omega_0}\right)} \tag{4-8}$$

由式(4－8)可得幅频特性为

$$\dot{G}_{\mathrm{L}}=|\dot{G}_{\mathrm{L}}|=\left|\frac{\dot{V}_{\mathrm{o}}}{\dot{V}_{\mathrm{i}}}\right|=\frac{1}{\sqrt{\left[1+\frac{\omega^2}{\omega_0^2}\right]^2+\left[\frac{\omega}{Q\omega_0}\right]^2}} \tag{4-9}$$

相频特性为

$$\phi(\omega)=-\tan^{-1}\left[\frac{\frac{\omega}{Q\omega_0}}{1-\left(\frac{\omega}{\omega_0}\right)^2}\right] \tag{4-10}$$

当 $\omega=\omega_0$ 时

$$G_{\mathrm{L}}(\omega_0)=Q \tag{4-11}$$

$$\phi(\omega_0)=-\frac{\pi}{2} \tag{4-12}$$

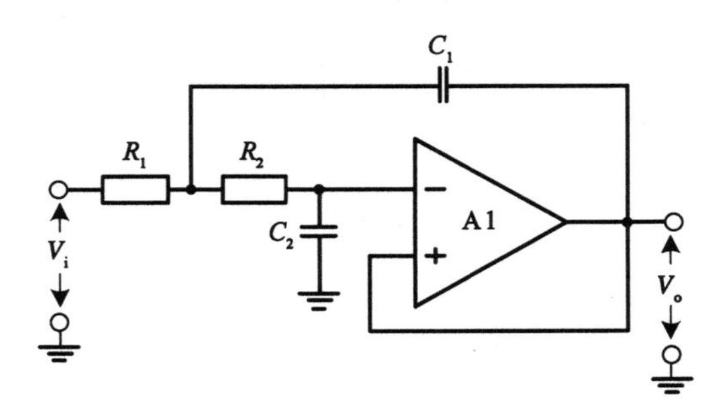

图 4－9　单端正反馈型二阶滤波器

图 4－9 所示电路的 ω_0 和 Q 由下式决定

$$\begin{cases} \omega_0 = \dfrac{1}{\sqrt{R_1R_2C_1C_2}} \\ \dfrac{1}{Q} = \sqrt{\dfrac{C_2R_2}{C_1R_1}} + \sqrt{\dfrac{C_2R_1}{C_1R_2}} \end{cases} \tag{4-13}$$

一般取 $R_1 = R_2 = R$，$C_1 \neq C_2$，此时

$$\begin{cases} \omega_0 = \dfrac{1}{R\sqrt{C_1C_2}} \\ \dfrac{1}{Q} = 2\sqrt{\dfrac{C_2}{C_1}} \end{cases} \tag{4-14}$$

实验内容

1. 比例求和电路

1）电压跟随器

实验电路如图 4-10 所示，按表 4-1 的内容进行实验测量并记录。

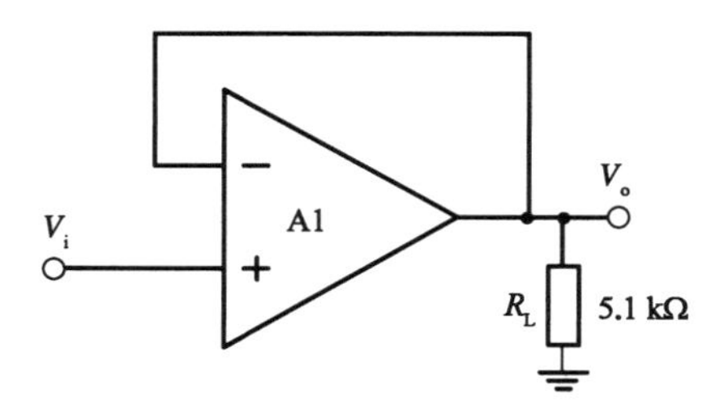

图 4-10 电压跟随器

表 4-1 电压跟随器测量

V_i(V)		-2	-0.5	0	+0.5	1
V_o(V)	$R_L=\infty$					
	$R_L=5.1\ \text{k}\Omega$					

2）反相比例放大器

实验电路如图 4－11 所示，按表 4－2 内容测量并记录，绘制 V_o－V_i关系曲线。

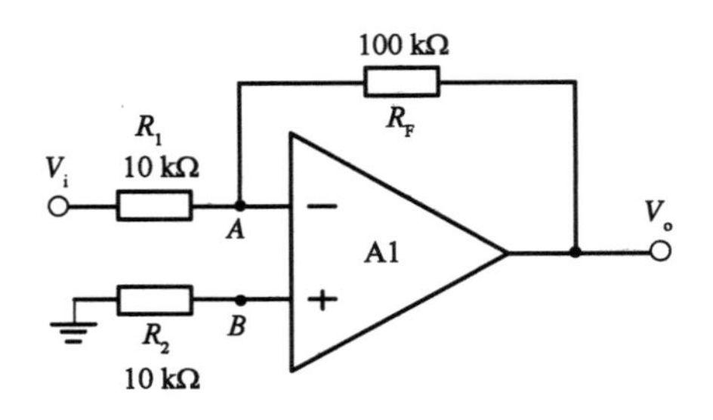

图 4－11　反相比例放大器

表 4－2　反相比例放大器测量

直流输入电压 V_i(mV)		−3 000	（测量 5～7 个点）	3 000
输出电压 V_o(mV)	理论估算			
	实测			
	误差(%)			

3）同相比例放大器

电路如图 4－12 所示，按表 4－3 内容测量并记录，绘制 V_o－V_i关系曲线。

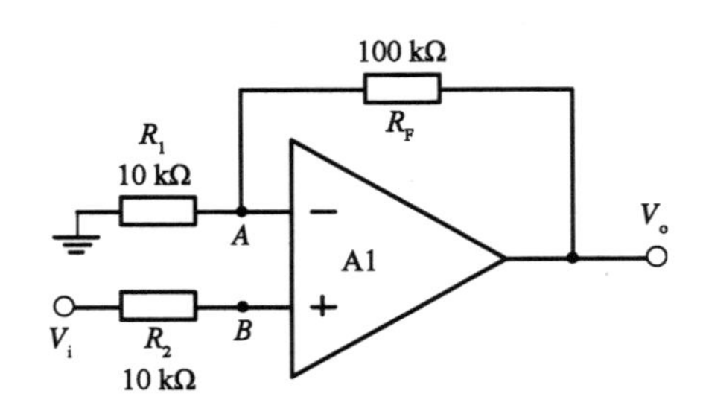

图 4－12　同相比例放大器

表 4－3　同相比例放大器测量

<table>
<tr><td colspan="2">直流输入电压 V_i(mV)</td><td>−3 000</td><td>(测量 5～7 个点)</td><td>3 000</td></tr>
<tr><td rowspan="3">输出电压 V_o(mV)</td><td>理论估算</td><td></td><td></td><td></td></tr>
<tr><td>实测</td><td></td><td></td><td></td></tr>
<tr><td>误差(%)</td><td></td><td></td><td></td></tr>
</table>

4）反相求和放大器

实验电路如图 4－13 所示，按表 4－4 内容进行实验测量。

表 4－4　反相求和放大电路测量

V_{i1}(V)	0.3	−0.3
V_{i2}(V)	0.2	0.2
V_o(V)		

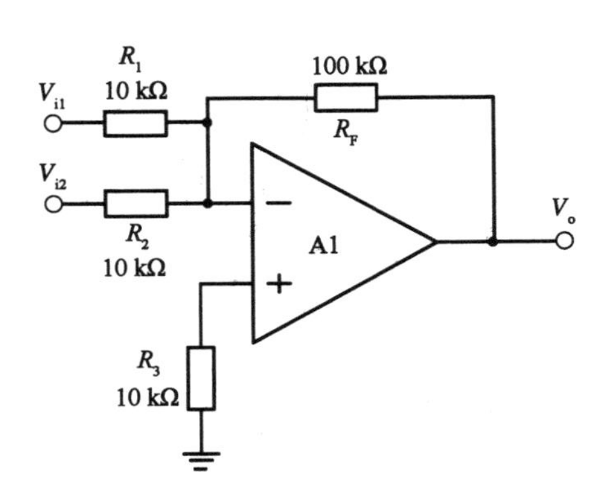

图 4－13　反相求和放大电路

5）双端输入求和放大器

实验电路如图 4－14 所示，按表 4－5 内容进行实验测量。

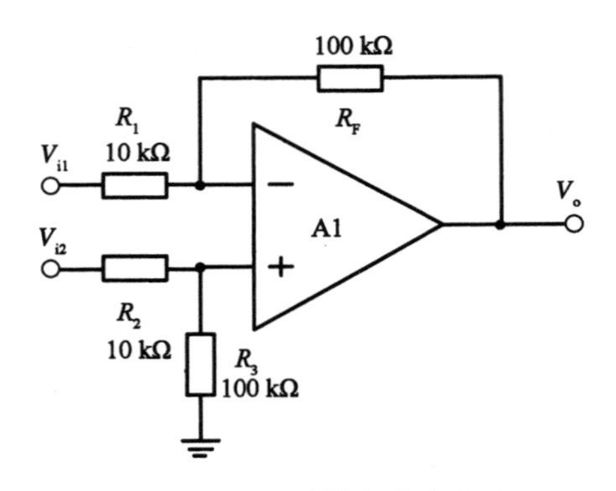

图 4-14　双端输入求和电路

表 4-5　双端输入求和电路测量

V_{i1}(V)	1	2	0.2
V_{i2}(V)	0.5	1.8	−0.2
V_o(V)			

2. 微积分电路

1）积分电路

实验电路如图 4-15 所示，其中积分电容为 0.1 μF，输入频率为 200 Hz、峰峰值为 2 V 的方波信号，观察 V_i和 V_o大小及相位关系，并记录波形。

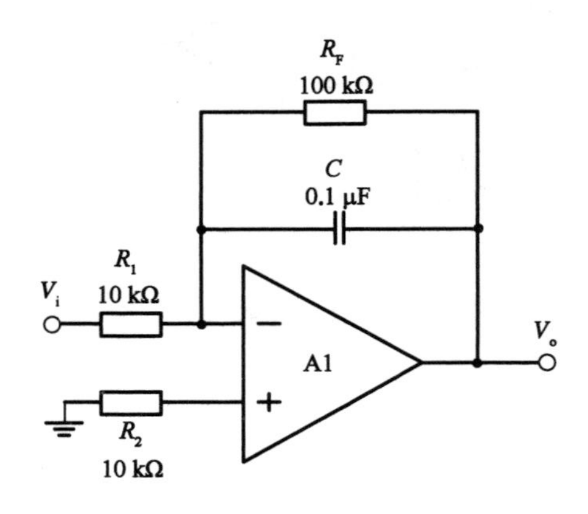

图 4-15　积分电路

2）微分电路

实验电路如图 4－16 所示，输入频率为 200 Hz、峰峰值为 2 V 的方波信号，用示波器观察 V_i和 V_o的波形并记录。

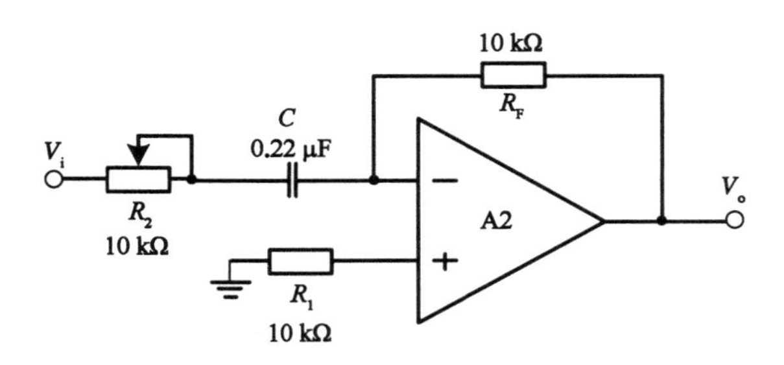

图 4－16　微分电路

3）积分-微分电路

实验电路如图 4－17 所示，输入频率为 200 Hz、峰峰值为 2 V 的方波信号，用示波器观察 V_i和 V_o的波形并记录。

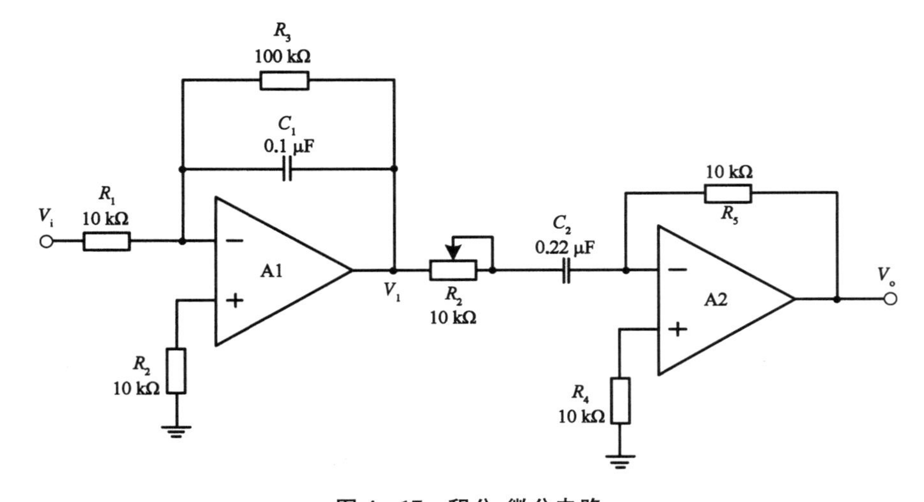

图 4－17　积分-微分电路

3. 有源滤波器

1）低通滤波器

实验电路如图 4－18 所示，按表 4－6 内容测量并记录。描绘 V_o－f 曲线，求出截止频率 f_0。

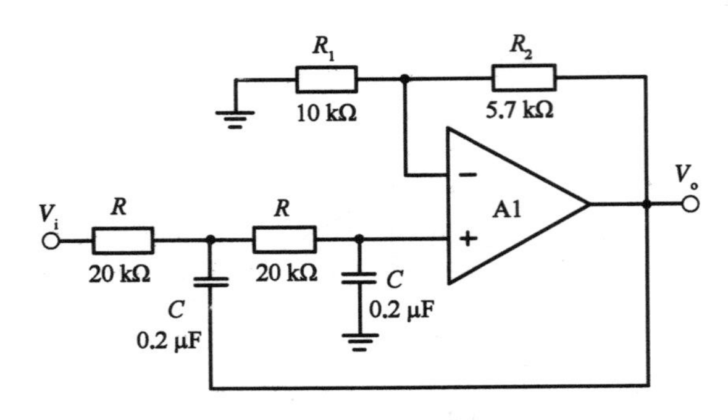

图 4-18　低通滤波器

表 4-6　低通滤波器测量

V_i(V)	1	1	1	1	1	1	1	1	1	1
f(Hz)	10	20	30	40	60	100	150	200	300	400
V_o(V)										

2）高通滤波器

实验电路如图 4-19 所示，按表 4-7 内容测量并记录。作出 V_o-f 曲线，求出截止频率 f_0。

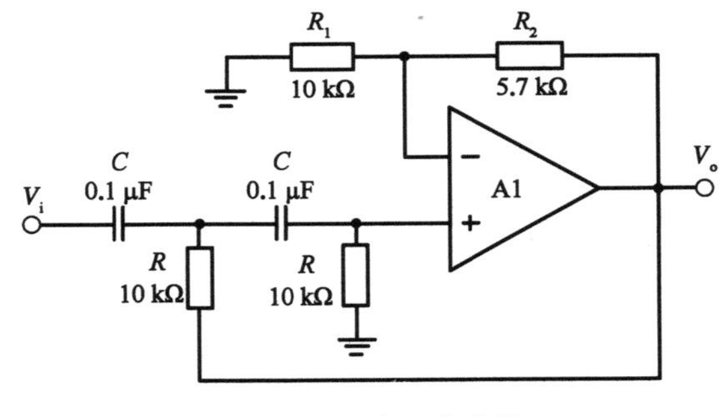

图 4-19　高通滤波器

表 4 - 7　高通滤波器测量

V_i(V)	1	1	1	1	1	1	1	1	1
f (Hz)	10	20	50	100	130	160	200	300	400
V_o(V)									

3）带阻滤波器

实验电路如图 4 - 20 所示，按表 4 - 8 内容测量并记录。

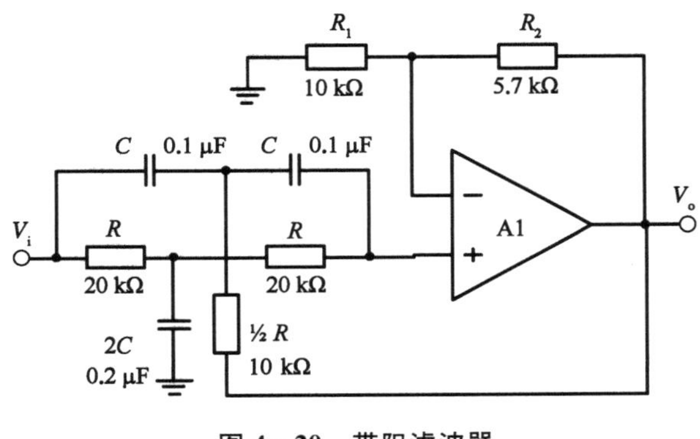

图 4 - 20　带阻滤波器

（1）测量电路中心频率。

（2）以实测中心频率为中心，测出电路幅频特性。

表 4 - 8　带阻滤波器测量

V_i(V)	1								
f (Hz)	10	20	30	40	（自行确定测量参数）	100	200	300	400
V_o(V)									

实验总结

（1）在积分电路中，反馈电阻 R_F 在电路中起什么作用？去掉 R_F 后观察输出波形的变化，并解释原因。

(2) 在微分电路中，调节输入端串联电阻 R_2 的阻值，观察输出波形并解释原因。

(3) 在积分-微分电路中，调节积分和微分电路之间串联电阻 R_2 的阻值，观察输出波形并解释原因。

(4) 分别比较积分电路与低通滤波器，微分电路与高通滤波器的电路结构异同，思考低通与积分运算、高通与微分运算之间的联系。

(5) 如何组成带通滤波器？试设计一个中心频率为 300 Hz、带宽为 200 Hz 的带通滤波器。

实验五 波形发生电路

实验目的

（1）掌握 RC 正弦波振荡器的电路构成及工作原理，熟悉正弦波振荡器的调整和测试方法。

（2）观察 RC 参数对振荡频率的影响，学习振荡频率的测定方法。

（3）掌握矩形波发生电路的特点及分析方法，了解占空比的调节方式。

（4）掌握三角波和锯齿波发生电路的特点及分析方法，了解锯齿波对称性的调节方式。

实验原理

1. RC 正弦波振荡器

RC 振荡器的原理电路如图 5－1 所示，它由两部分组成。第一部分是两级放大器，输入信号通过两级放大后，其输出信号经反馈网络送回到输入端。由于输入信号每经过一级放大要反相 180°，其结果使得输出电压 V_o 与输入电压 V_i 同相，即两级放大器的相移 $\varphi_A = 2\pi$，构成正反馈。第二部分是由 RC 串并联组成的一个具有选频特性的正反馈网络，其反馈系数为

$$\dot{F}=\frac{\dot{V}_F}{\dot{V}_o}=\frac{Z_2}{Z_1+Z_2}=\frac{1}{\left[1+\frac{R_1}{R_2}+\frac{C_2}{C_1}\right]+\mathrm{j}\left[\omega C_2R_1-\frac{1}{\omega C_1R_2}\right]} \tag{5-1}$$

通常取 $R_1=R_2=R$，$C_1=C_2=C$,则式(5-1)可写成

$$\dot{F}=\frac{1}{3+\mathrm{j}\left[\omega CR-\frac{1}{\omega CR}\right]} \tag{5-2}$$

当在某一个 ω_0 时满足

$$\omega_0RC=\frac{1}{\omega_0RC} \tag{5-3}$$

则

$$F=\frac{1}{3} \tag{5-4}$$

则此时相移 $\varphi_F=0$。

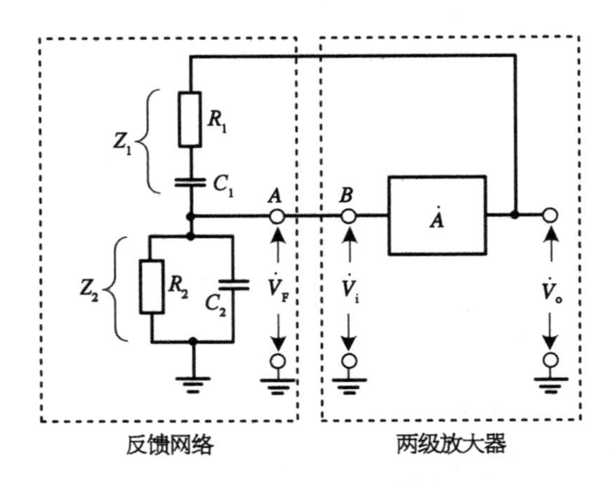

图 5-1　*RC* 振荡器原理电路

这个反馈网络直接把放大器的输出和输入端连通,从而保证在某一特定频率上电路满足自激振荡条件,产生单一频率的正弦波。因此,选频网络就决定了振荡器的频率。

假设放大器输入端的输入信号 $\dot{V}_i$，经过放大后输出 $\dot{V}_o=\dot{A}\dot{V}_i$，再经反馈网络反馈回输入端电压为

$$\dot{V}_F=\dot{F}\dot{V}_o=\dot{F}\dot{A}\dot{V}_i \tag{5-5}$$

显然要使电路维持稳定振荡，$\dot{V}_F$ 应当等于 $\dot{V}_i$，则式(5-5)中

$$\dot{F}\dot{A}=AFe^{j(\varphi_F+\varphi_A)}=1 \tag{5-6}$$

式(5-6)说明了电路维持稳定振荡的条件有两个。相位平衡条件

$$\varphi_F+\varphi_A=0\text{ 或 }2n\pi \tag{5-7}$$

振荡平衡条件

$$AF=1 \tag{5-8}$$

将式(5-1)代入振荡条件 $\dot{A}\dot{F}=1$ 中，则有

$$\frac{A}{3+j\left[\omega CR-\frac{1}{\omega CR}\right]}-1=0 \tag{5-9}$$

$$A-3-j\left(\omega CR-\frac{1}{\omega CR}\right)=0 \tag{5-10}$$

令其实部为零，则

$$A=3 \tag{5-11}$$

令其虚部为零，此时电路谐振 $\omega=\omega_0$，其值为

$$\omega_0^2=\frac{1}{R^2C^2} \tag{5-12}$$

即

$$\omega_0=\frac{1}{RC} \tag{5-13}$$

由此得出结论：

- 电路产生的振荡频率为 $f_0 = \frac{1}{2\pi RC}$。
- 为了使电路振荡，放大器的放大倍数应大于(或等于)3(即 $A \geqslant 3$)。

必须指出，反馈网络接入放大器后，由于反馈网络输入端与放大器的输出阻抗串联，而输出端又与放大器的输入阻抗并联，所以放大器的输入、输出阻抗对振荡器频率是有影响的。因此，在实用电路中需要采取措施来提高放大器的输入阻抗、降低输出阻抗，从而减小放大器对振荡频率的影响。例如在图 5－2 所示的实验电路中放大器的输入端引入了一个附加偏置电阻，以提高放大器的输入阻抗。同时在放大器的输出端采用了具有低输出阻抗的射极跟随器。

根据振荡幅值平衡条件，要使电路维持正常振荡，必须使放大器的放大倍数 $A \geqslant 3$。在振荡条件下，反馈电路的反馈系数恰好为 $\frac{1}{3}$。若 $A=3$，会使工作不稳定：任何原因引起的放大倍数下降都将造成停振。若 $A>3$，则振荡幅值的增大将使管子的动态范围延伸到特性曲线的饱和区和截止区，此时输出波形将产生严重的非线性失真。要改善这一点，可在放大器中引进负反馈，接入由电阻 R_F 构成的负反馈支路，通过调节 R_F，改变反馈量的大小，使放大倍数稍大于 3。采用负反馈可以进一步提高放大器的输入电阻，提高振荡器的稳定性并改善输出波形的非线性失真。

2. 非正弦波发生电路

实用电子系统中，除了正弦波之外，通常还需要矩形波、三角波、锯齿波等非正弦波形，因此需要设计对应的波形发生电路。矩形波发生电路是多种非正弦波发生电路的基础，这里简要分析其工作原理。

与 RC 正弦波振荡器类似，矩形波发生电路本质上也是一个振荡器，通常需要运放工作在正反馈模式下。通过电阻网络实现的正反馈电路能够让运放电路成为滞回比较器，如图 5－2 所示。其中，输出电压 V_o 受到稳压管限制只能在 $+V_m$ 和 $-V_m$ 之间变化，并且翻转 V_o 对应的同相输入电压 V_C 的阈值为

$$\pm V_T = \pm \frac{R_1}{R_1 + R_2} V_m \tag{5-14}$$

当 V_C 从负值增大至 $V_C = +V_T$ 时，输出 V_o 翻转至 $-V_m$；反之当 V_C 从正值减小至 $V_C = -V_T$ 时，输出 V_o 翻转至 $+V_m$。

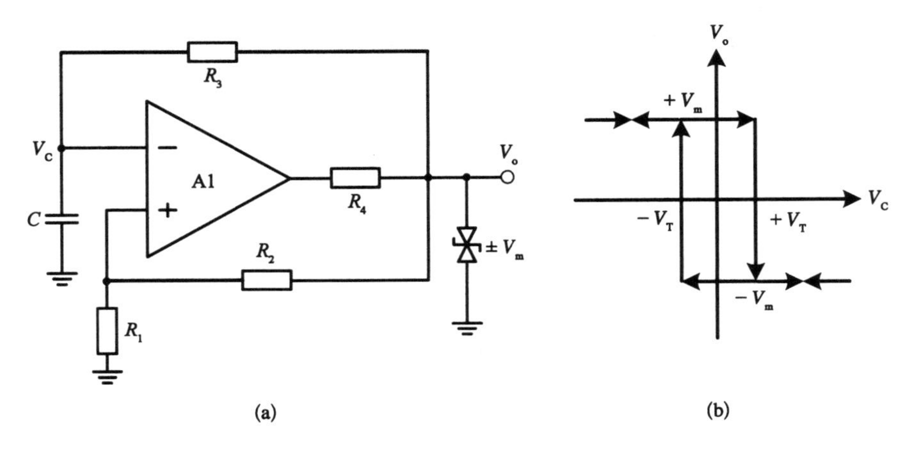

图 5-2　矩形波发生电路(a)与滞回比较器特性(b)

在滞回比较器的基础之上，利用电阻 R_3 和电容 C 组成 RC 积分电路，通过充放电实现 V_C 交替上升与下降，从而使得 V_o 在 $+V_m$ 和 $-V_m$ 之间周期性变化。V_C 和 V_o 波形如图 5-3 所示。

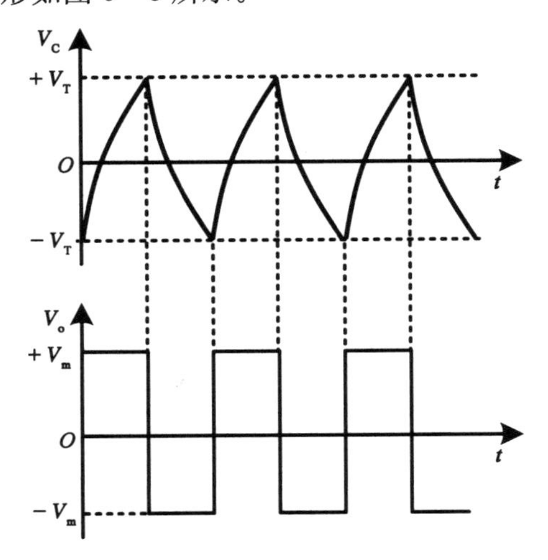

图 5-3　矩形波发生电路波形图

由于电容正向充电与反向充电的时间常数均为 R_3C，并且两个方向充电前后电容两端的电压变化绝对值均为 $2V_T$，因此图 5-2 所示的矩形波发生电路所产生的矩形波峰峰值为 $2V_m$、占空比为 50%，周期 T 可以通过一阶 RC 电路的三要素法求得

$$+V_T = -V_T + (V_m + V_T)(1 - e^{-\frac{0.5T}{R_3C}}) \tag{5-15}$$

$$T = 2R_3C\ln\left(1 + \frac{2R_1}{R_2}\right) \tag{5-16}$$

通过修改电路使电容正向充电和反向充电的时间常数不同，即可得到不同占空比(高电平占总周期的比例)的矩形波发生电路。通过对矩形波进行微分运算，即可得到三角波与锯齿波。

实验内容

1. *RC* 正弦波振荡器

1) 按图 5-4(a)接线，用示波器观察输出波形

> **注意** 电阻 $R_{p1}=R_2$ 需预先调好再接入。调节过程重点考虑两个情况：
>
> - 若元件完好，接线正确，电源电压正常，而 $V_o=0$，原因是什么？应当怎么解决？
> - 有输出但出现明显失真，应如何解决？

2) 按图 5-5 接线，用李萨如图形法测出 V_o的频率 f_0并与计算值比较

3) 改变振荡频率，重复实验内容 1 中 1)和 2)

设法使文氏桥电阻 $R=10\ \text{k}\Omega+20\ \text{k}\Omega$，先将 R_{p1} 调到 30 kΩ，然后在 R_2 与地端串入 1 个 20 kΩ 的电阻即可。

注意　改变参数前，必须先切断实验箱电源开关，检查无误后再接通电源。测量 f_0 之前，应适当调节 R_{p2} 使 V_o 无明显失真。

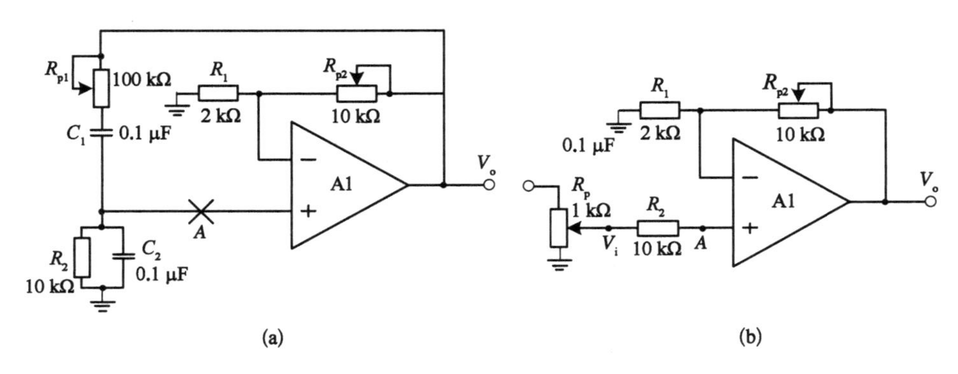

图 5-4　*RC* 正弦振荡电路(a)与增益测量电路(b)

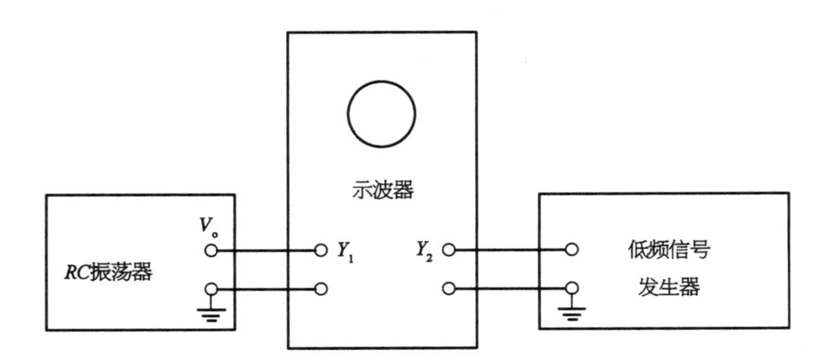

图 5-5　李萨如图形法测量 *RC* 振荡器频率

4）测定运算放大器放大电路的闭环电压放大倍数 A_{vf}

在实验内容 3)的基础上，测出文氏桥电阻为 $R_{p1}=R_2=30\ \text{k}\Omega$ 时振荡器的输出电压 V_o。然后，切断电源，保持 R_{p2} 不变，用信号发生器输出一个正弦信号代替选频网络输出信号(频率应保持不变)接至一个 1 kΩ 的电位器上，再从这个 1 kΩ 电位器的滑动接点取 V_i 至运放同相输入端，如图 5-4(b)所示。调节 V_i 使 V_o 等于原值，测出此时的 V_i，则

$$A_{vf}=V_o/V_i=\_\_\_\_\_\_\_\_倍$$

2. 矩形波发生电路

1）固定占空比的矩形波发生电路

实验电路如图 5-6 所示，双向稳压管稳压值一般为 5～6 V。

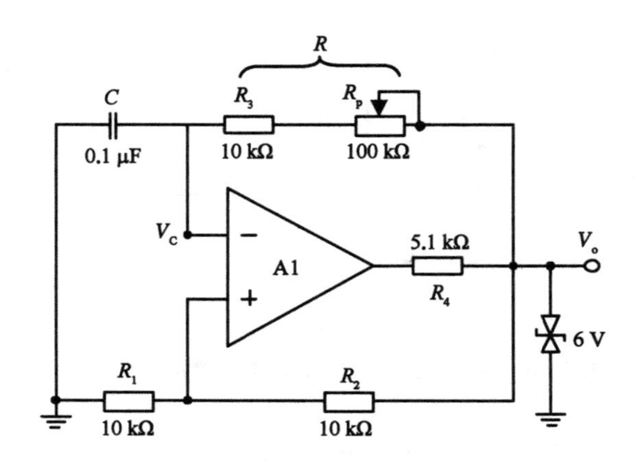

图 5-6　矩形波发生电路

（1）按电路图接线，观察 V_C、V_o的波形及频率。

（2）分别测出 $R=10$ kΩ、110 kΩ 时 V_o的频率和输出幅值，并与理论值比较。

2）占空比可调的矩形波发生电路

实验电路如图 5-7 所示。

（1）分析图 5-7 电路输出波形 V_o的占空比如何调节，计算 V_o的频率、占空比与元件参数之间的关系。

（2）按图接线，观察并测量电路的振荡频率、幅值及占空比。测量 $R_{p2}=10$ kΩ 时，5 组不同占空比与对应的 R_{p1}值。

3. 三角波与锯齿波发生电路

1）三角波发生电路

实验电路如图 5-8 所示。

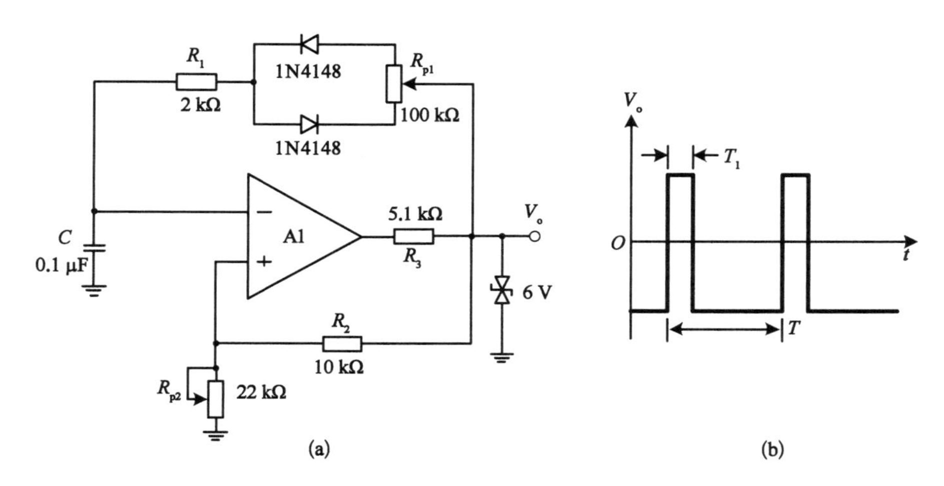

图 5-7　占空比可调的矩形波发生电路(a)及其输出波形(b)

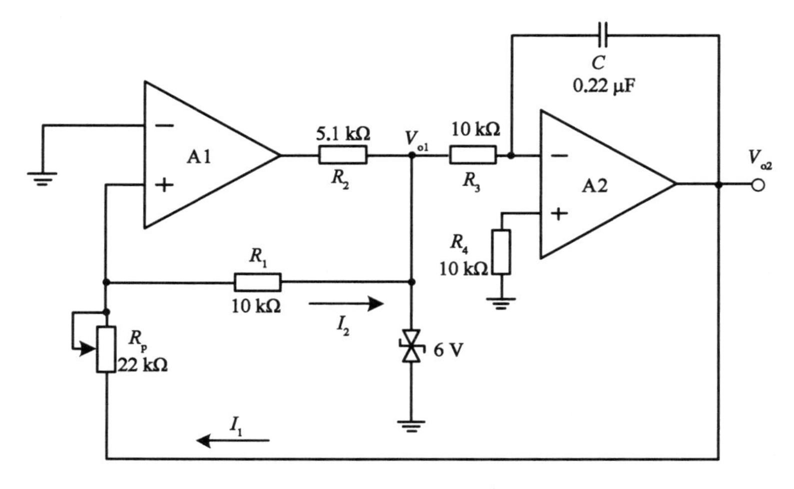

图 5-8　三角波发生电路

(1) 分析图 5-8 所示电路中电阻 R_p 对输出波形 V_{o2} 的哪些参数有影响。

(2) 按图接线，分别观测 V_{o1} 及 V_{o2} 的波形并记录。

(3) 如何改变输出波形的频率和输出幅值？测量 5 组不同 R_p 值对应的 V_{o2} 波形频率和幅值。

2) 锯齿波发生电路

实验电路如图 5-9 所示。

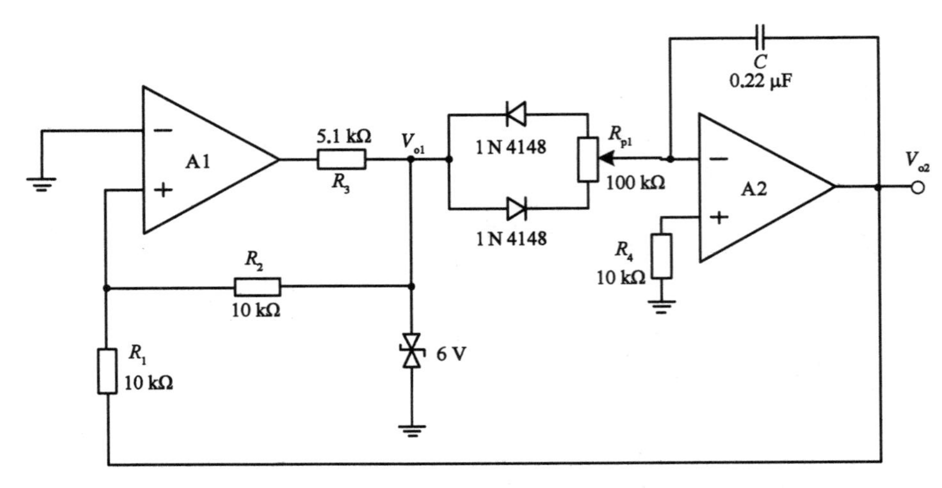

图 5-9　锯齿波发生电路

(1) 分析图 5-9 电路中输出电压 V_{o2} 的波形振荡频率和对称性如何调节。

(2) 按图接线，分别观测 V_{o1} 及 V_{o2} 的波形并记录。

(3) 测量 5 组不同输出电压 V_{o2} 的波形对称性与对应的 R_{p1} 位置。

实验总结

(1) RC 正弦波振荡器中哪些参数与振荡频率有关？将振荡频率的实测值与理论估算值比较，分析产生误差的原因。

(2) 根据实验现象，总结改变负反馈深度对 RC 正弦波振荡器起振的幅值条件及输出波形的影响。

(3) 矩形波发生电路中，电容上的充电电压 V_c 是否可以作为一种三角波发生电路？如果可以，简述电路能够作为三角波发生电路的条件，以及同本实验中通过微分电路实现的三角波发生电路相比的优劣。

实验六 差动与仪表放大电路

实验目的

(1) 熟悉差动放大器工作原理。

(2) 掌握差动放大器的基本测试方法。

(3) 了解仪表放大器的电路结构。

实验原理

1. 基本差动放大器

基本的差动放大器如图 6-1 所示。它是由两个特性相同且外接电阻也一一对应的单管放大器组成。$R_{s1}=R_{s2}$ 是输入回路限流电阻，$R_{b1}=R_{b2}$ 是偏流电阻，$R_{c1}=R_{c2}$ 是集电极负载电阻，R 是输入端的分压电阻。信号从两管基极输入，从两管集电极输出。

当输入端 AB 短接并接地时，由于管子及其参数都对称，静态时两管集电极电流相等即 $I_{c1}=I_{c2}$，$V_o=V_{c1}-V_{c2}=I_{c1}R_{c1}-I_{c2}R_{c2}=0$。根据对称的原则，如果温度升高使 I_{c1} 增加、V_{c1} 下降，I_{c2} 增加和 V_{c2} 下降的量必然要和前者相同，所以零漂在输出端总是相互抵消，即 $V_o=0$。

图 6-1 所示电路是依赖电路的完全对称来抑制零点漂移的，这在实际

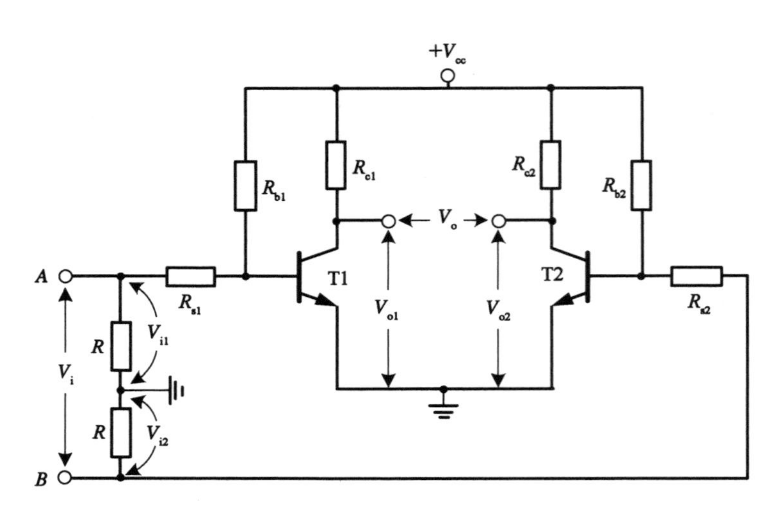

图 6-1　基本差动放大器

电路中难以做到，因此不能作为实用电路，需要改进。

图 6-2 所示电路从结构上看，保持了图 6-1 所示电路对称的特点，这是抑制零点漂移的条件之一。重要的是该电路加接了射极公共电阻 R_e，该电阻对零点漂移具有很强的负反馈作用，以增强零点漂移的抑制能力。

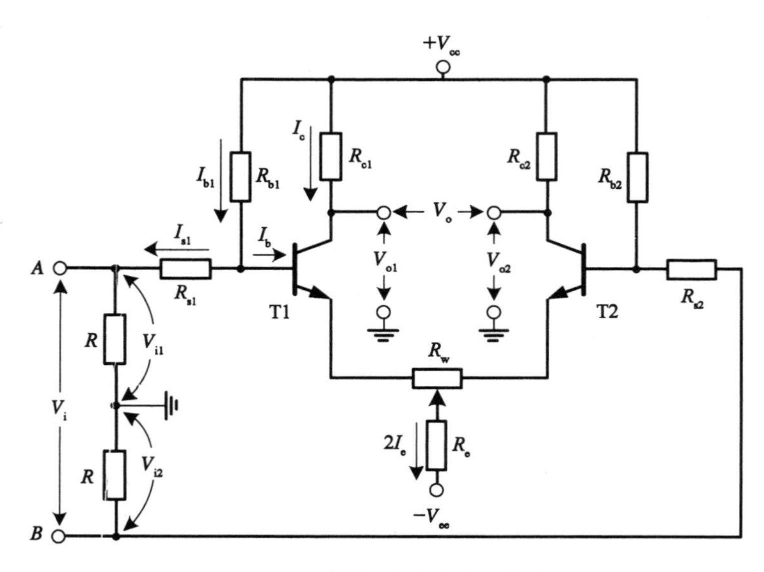

图 6-2　长尾式差动放大电路

抑制零漂的原理

由于电路对称，静态射极电流 $I_{e1}=I_{e2}$。当温度升高时，电路抑制零漂的过程可以表示如下：

温度 t 上升，使得 I_{c1}、I_{c2}增加，即 I_e、$V_e(=2I_eR_e)$增加，$V_{be1}=V_b-V_e$ 和 V_{be2} 减少，因此，I_{b1} 和 I_{b2}也下降，使得 I_{c1}、I_{c2}下降。

可见，由于 R_e的负反馈作用，当温度变化时，集电极电流仍保持稳定，从而使单端输出时的零点漂移也得到抑制。R_e越大，负反馈作用越强，抑制零漂的能力也越强。R_e一般几 kΩ 至几十 kΩ。

在实际电路中要使差动电路完全对称是有困难的。由于两管的初始直流电位不相等，因而 $V_o \neq 0$。为此在两管发射极之间接入低阻的电位器 R_w，通过调节 R_w，可使 $V_o=0$，R_w叫作调零电位器。

电路的放大作用

当把待放大的信号加在差动放大器的输入端作为差模输入时，在两管基极间得到一对大小相等、极性相反的差模信号。一管电流增加，另一管电流减小，流过 R_e的总电流不变，相应射极电位也不变，也就是说差模信号在 R_e上不产生压降。可见其对差模信号无负反馈作用。作为双端输出时，输出电压为两管集电极的电位之差，其值为单端输出的两倍，而不是相互抵消。因此，差动放大电路对差模信号有放大作用。

2. 仪表放大器

在电子测控系统中，电压小信号的高精度测量通常使用仪表放大器或称精密放大器(instrumentation amplifier，INA)来实现。它是差分放大器的一种改良，具有输入缓冲器，不需要输入阻抗匹配；同时具有非常低的直流漂移、低噪声、高开环增益，以及非常高的共模抑制比，因此常用于精确性和稳定性要求非常高的测量电路中。常见的仪表放大器结构基于 3 个运算放大器，如图 6-3 所示。电阻 R_1 和 R_1'、R_2 和 R_2'、R_3 和 R_3' 为阻值匹配的对称电阻，则电路对于共模信号 V_{cm}的增益始终为 1，而输出电压为

$$V_o = V_d \frac{R_3}{R_2}\left(1+\frac{2R_1}{R_G}\right)+V_{ref} \tag{6-1}$$

若 $R_2=R_3$ 且 $V_{ref}=0$，则差分增益为 $1+\dfrac{2R_1}{R_G}$

通过调节 R_G 即可调节仪表放大器最终的差分信号增益，进一步连接热电偶可得到温度差与输出电压之间的增益。

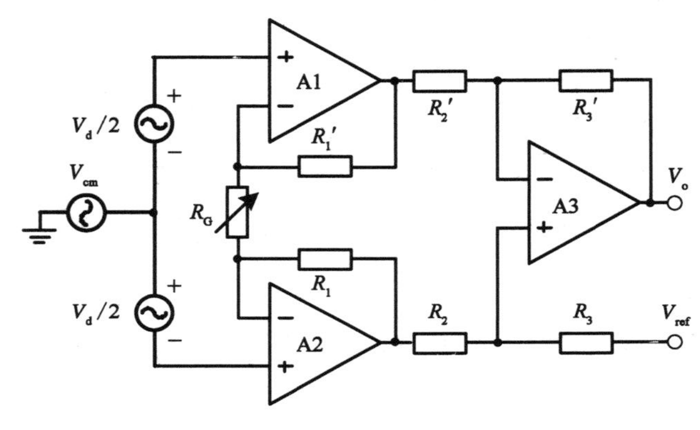

图 6-3　仪表放大器原理图

3. 差模放大器的测试

1）差模放大倍数 A_d

差模放大倍数与交流放大器中电压放大倍数的概念一样，用于说明差动放大器对差模输入信号的放大能力。对于差模信号，$V_{i1}=-V_{i2}$，由图 6-2 可见，双端输入、双端输出时的差模放大倍数为

$$A_d=\frac{V_o}{V_i}=\frac{V_{c1}-V_{c2}}{V_i}=\frac{2\Delta V_{c1}}{2V_{i1}}=\frac{\Delta V_{c1}}{V_{i1}}=A_{v1} \tag{6-2}$$

可见，差模放大倍数 A_d 与单管共射放大器的基本放大倍数 A_{v1} 相同。输出电压 V_o 是单管输出电压 ΔV_{c1} 的两倍。

对于双端输入、单端输出的差动放大器，差模放大倍数为

$$\begin{cases} A_{d1}=\dfrac{V_{c1}-V_{c10}}{V_i}=\dfrac{\Delta V_{c1}}{V_i} \\ A_{d2}=\dfrac{V_{c2}-V_{c20}}{V_i}=\dfrac{\Delta V_{c2}}{V_i} \quad (V_{c10}、V_{c20}\text{是静态值}) \end{cases} \tag{6-3}$$

2）共模放大倍数 A_c

在共模输入信号 $V_{i1}=V_{i2}=V_i$ 的作用下，如果电路完全对称，两管集电极电位始终保持大小相等，极性相同。则输出电压 $V_o=V_{c1}-V_{c2}=0$，因此，双端输出时的共模放大倍数为

$$A_c=\frac{V_o}{V_i}=\frac{V_{c1}-V_{c2}}{V_i}=0 \tag{6-4}$$

式(6-4)表明，双端输出的差动放大器对于共模信号没有放大能力。值得注意的是，在实际电路中 A_c 并不为零，这主要是由于电路难以完全对称。A_c 越小，说明其抑制共模信号的能力越强，放大器的性能越好。

当电路采用单端输出时，其共模放大倍数为

$$\begin{cases} A_{c1}=\dfrac{\Delta V_{c1}}{V_i}=\dfrac{V_{c1}-V_{c10}}{V_i} \\ A_{c2}=\dfrac{\Delta V_{c2}}{V_i}=\dfrac{V_{c2}-V_{c20}}{V_i} \end{cases} \tag{6-5}$$

3）共模抑制比 CMRR

差动放大器的差模放大倍数与共模放大倍数之比，被称为共模抑制比

$$\text{CMRR}=\left|\frac{A_d}{A_c}\right| \tag{6-6}$$

共模抑制比说明了差动放大器对共模信号的抑制能力，其值越大，则抑制能力越强，放大器的性能越好。

在对电路的静态工作点进行估算时，应当利用已知条件进行合理的假设来简化计算：

- 假定两管的特性及电路完全对称，因此，当令 $V_i=0$ 时，$V_{c1}=V_{c2}$，$I_{e1}=I_{e2}$。

- 硅管的 V_{be} 一般假定为 0.7 V。
- $V_i=0$ 时，I_{s1} 的电流不大，近似认为 $V_b=0$。

从这几个假设出发可以看出，R_e 端电压很容易求得，所以先求 $2I_e$ 最方便，将 $2I_e$ 分成两半，近似得到 I_e，I_e 除以 β 得到 I_b。而各点的电位可以根据求得的电流得出。

计算过程如下

$$\text{因为 } V_b=0,\ V_{be}=0.7\text{ V，所以 } V_e=-0.7\text{ V} \tag{6-7}$$

$$2I_e=\frac{V_e-(-V_{ee})}{R_e} \tag{6-8}$$

$$I_c=I_{c1}=I_{c2}=I_e \tag{6-9}$$

$$V_{c1}=V_{c2}=V_{cc}-I_cR_c \tag{6-10}$$

$$I_b=\frac{I_c}{\beta} \tag{6-11}$$

$$I_{R_{b1}}\approx\frac{V_{cc}}{R_{b1}} \tag{6-12}$$

$$I_{s1}=I_{R_{b1}}-I_b \tag{6-13}$$

$$V_b=R_{s1}\cdot I_{s1} \tag{6-14}$$

$$V_e=V_b-V_{be} \tag{6-15}$$

由于假设 $V_b=0$，所以 V_c 和 I_{b1} 的计算数值可能有些误差。如果希望算得准确一些，可以利用等效电源的原理，将图 6-2 的输入回路用一个等效电源 V_s 和一个内阻 r_s 表示。同时由于两管的特性及电路完全对称，只需对其中一个管子进行计算，如图 6-4(a)所示。

由于流过 R_e 的电流为 $2I_e$，在画成单管电路时，将射极电阻等效为 $2R_e$。利用戴维南定理，将输入回路简化为一个电源为 V_s、内阻为 r_s 的等效电源，即

$$V_s=\frac{R_{s1}}{R_{b1}+R_{s1}}\cdot V_{cc} \tag{6-16}$$

其中，$r_s = R_{b1} \parallel R_{s1}\left(即\ r_s = \dfrac{R_{b1} \cdot R_{s1}}{R_{b1} + R_{s1}}\right)$。

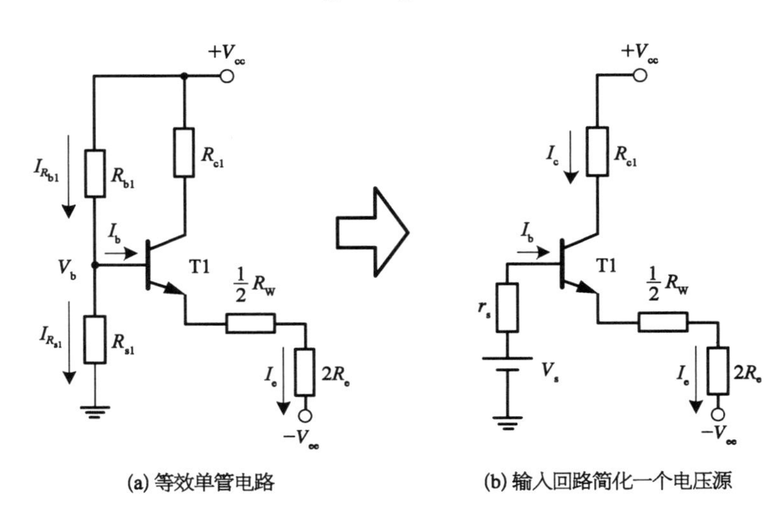

(a) 等效单管电路　　　(b) 输入回路简化一个电压源

图 6-4　差动放大电路分析

由图 6-4(b)的等效基极回路即可求出静态基极电流为

$$I_b = \frac{V_s - V_{be} + V_{cc}}{r_s + (1+\beta)\left[\frac{1}{2}R_w + 2R_e\right]} \tag{6-17}$$

$$I_c = \beta I_b \tag{6-18}$$

$$V_b = V_s - I_b r_s \tag{6-19}$$

$$V_e = V_b - V_{be} \quad (V_{be} = 0.7) \tag{6-20}$$

$$V_{ce} = E_c - I_c R_c - V_e \tag{6-21}$$

实验内容

1. 差动放大电路实验

实验电路如图 6-5 所示。

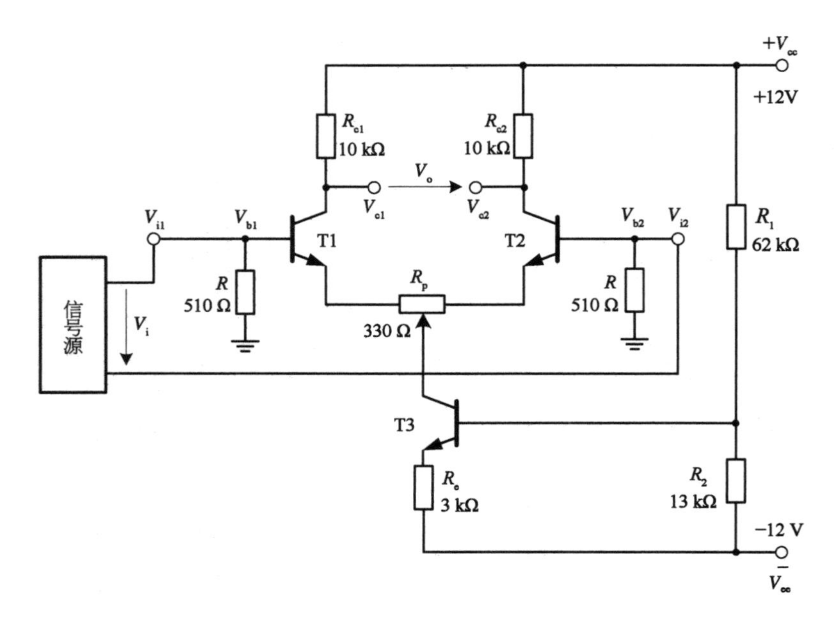

图 6-5　差动放大电路实验电路图

1）测量静态工作点

调零

将输入端短路并接地，接通直流电源。调节电位器 R_p，使双端输出电压 $V_o=0$。

测量静态工作点

测量 T1、T2、T3 各极对地电压填入表 6-1 中。

表 6-1　差动放大电路直流静态工作点

对地电压	V_{c1}	V_{c2}	V_{c3}	V_{b1}	V_{b2}	V_{b3}	V_{e1}	V_{e2}	V_{e3}
实测(V)									

2）测量差模电压放大倍数

将 T1 和 T2 的基极 b1、b2 分别接入 V_{i1} 和 V_{i2}，组成差模输入放大器，使差模信号 $V_i=\pm0.1$ V（即 b1、b2 处电压分别为 ±0.05 V 和 ∓0.05 V），按表 6-2 要求测量并记录。

3）测量共模电压放大倍数

将 b1、b2 短接，并接入信号源，组成共模输入放大器，调节使共模信号 $V_i = \pm 0.1$ V，按表 6－2 要求测量并记录。

表 6－2　差动放大电路的差模与共模特性测量

输入信号 V_i ＼ 实测及计算	差模输入						共模输入						共模抑制比
	实测			计算			实测			计算			计算
	V_{c1} (V)	V_{c2} (V)	$V_{o双}$ (V)	A_{d1}	A_{d2}	$A_{d双}$	V_{c1} (V)	V_{c2} (V)	$V_{o双}$ (V)	A_{c1}	A_{c2}	$A_{c双}$	CMRR
+0.1 V													
−0.1 V													

4）组成单端输入的差放电路进行下列实验

（1）将 b2 接地，组成单端输入差动放大器，从 b1 端输入直流信号 $V_i = \pm 0.1$ V，测量单端及双端输出，将电压值填入表 6－3。计算单端输入时的单端及双端输出的电压放大倍数，并与双端输入时的单端及双端差模电压放大倍数进行比较。

表 6－3　差动放大电路的单端输入放大倍数测量

输入信号 V_i ＼ 实测及计算	电压值			放大倍数 A_v		
	V_{c1}(V)	V_{c2}(V)	V_o(V)	A_1	A_2	$A_{双}$
直流+0.1 V						
直流−0.1 V						
正弦信号（频率为 1 kHz、有效值为 50 mV）						

（2）从 b1 端加入频率为 1 kHz、有效值为 50 mV 的正弦交流信号，分别测量、记录单端及双端输出电压，填入表 6－3 计算单端及双端的差模放大倍数。

注意 输入交流信号时，用示波器监视 V_{c1}、V_{c2} 波形，若有失真现象时，可减小输入电压值，直到 V_{c1}、V_{c2} 都不失真为止。

2. 仪器仪表放大电路实验

1）测量输入失调电压

将 V_{ref} 接地，并通过连线将仪表放大器设置为共模输入，且 V_i 设置为 0 V。改变 R_G（参考值选择 20 kΩ、10 kΩ、2 kΩ、1 kΩ、0.2 kΩ），测量对应仪表放大器的 V_o（即为仪表放大器的失调电压），填入表 6－4 中。

表 6－4　仪表放大器输入失调电压测量

R_G(kΩ)	失调电压(mV)

2）测量共模与差模放大倍数

将 V_{ref} 接地，并通过连线将仪表放大器设置为差模输入或共模输入。改变 R_G（参考值选择 20 kΩ、10 kΩ、2 kΩ、1 kΩ、0.2 kΩ），测量电路的输出电压 V_o，计算对应的差模放大倍数、共模放大倍数和共模抑制比并填入表 6－5 中。

3）组成单端输入的差放电路进行下列实验

输入直流信号 $V_i = \pm 0.1$ V，测量单端及双端输出，将电压值填入表 6－6。计算单端输入时单端及双端输出的电压放大倍数。

表 6-5　仪表放大器共模与差模特性测量

实测及计算 / 输入信号 V_i	R_G	差模输入				共模输入				共模抑制比
		实测		理论计算		实测		理论计算		实测计算
		V_o(V)	A_d(V)	V_o(V)	A_d(V)	V_o(V)	A_d(V)	V_o(V)	A_d(V)	CMRR
+0.1 V										
−0.1 V										
+0.1 V										
−0.1 V										
+0.1 V										
−0.1 V										
+0.1 V										
−0.1 V										
+0.1 V										
−0.1 V										

加入频率为 1 kHz、有效值为 50 mV 的正弦交流信号，分别测量、记录单端及双端输出电压，填入表 6-5，计算单端的差模放大倍数。

表 6-6　仪表放大电路的单端输入放大倍数测量

实测及计算 / 输入信号	电压值 V_o(V)			放大倍数 A		
	V_{A1}	V_{A2}	V_o	A_1	A_2	$A_{双}$
直流+0.1 V						
直流−0.1 V						
正弦信号（频率为 1 kHz、有效值为 50 mV）						

实验总结

（1）根据实测数据计算图 6－5 所示电路的静态工作点，与理论计算结果相比较。

（2）整理实验数据，计算各种接法的 A_d、A_c和 CMRR。

（3）总结差放电路的性能和特点。

（4）对比两种差放电路的性能和特点。

实验七 功率放大器及其测试

实验目的

（1）熟悉 OTL、OCL 功率放大器的基本工作原理。

（2）掌握功率放大器的调整和参数测试方法。

实验原理

1. 互补对称功率放大器

功率放大器是向负载提供较大交流输出功率的放大器。功率放大器输出级常用的形式有单管甲类输出、乙类变压器推挽输出、OTL 推挽输出、OCL 推挽输出等。OTL、OCL 功率放大器除了具有乙类推挽功率放大器效率高的优点之外，还省掉了影响频率特性、体积笨重的输入输出变压器，是目前高保真音频功率放大器中最为流行的电路形式。

图 7-1 为实验电路原理图。T1 为推动级，且工作在甲类。当输入信号 V_i 在正半周时，T1、T3 工作，T2 截止；V_i 在负半周时，T1、T2 工作，T3 截止。也就是说 T1 的输出电压仍然使互补对称管 T2、T3 轮流工作。R_{w1} 是调节 T1 的直流工作点，以保证 K 点电位为 $V_k=\frac{1}{2}V_{cc}$，从而使输出波形上下对称，调节 R_{w2} 可以改变 b2 和 b3 两点之间的电位差，以保证所需的集电

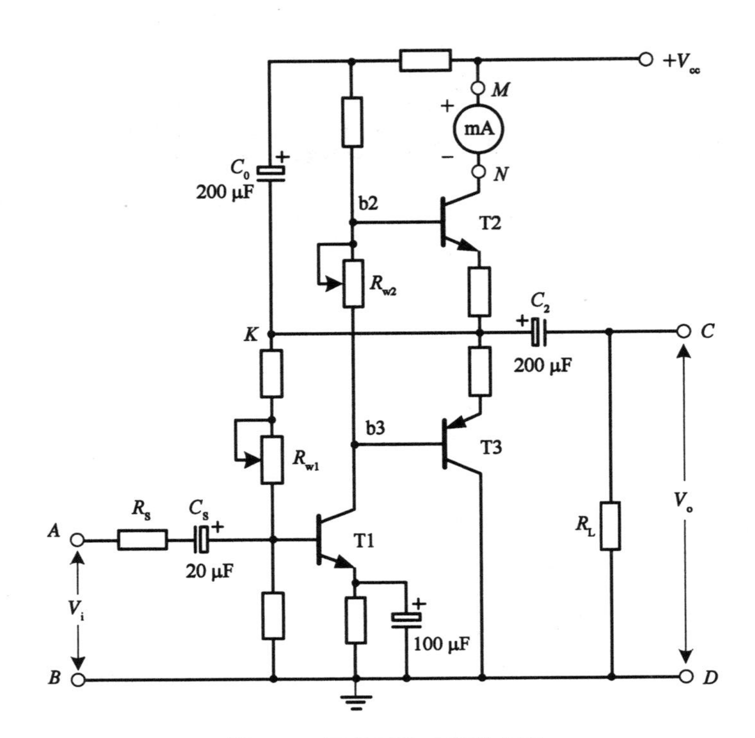

图 7-1 互补对称功率放大器

极电流。C_0为自举电容,可以提高电路的增益。

图 7-2 是互补对称 OTL 电路原理图,T1、T2 是一对输出特性相近、导电特性相反的放大管。当输入信号在正半周时,T2 管发射结因受反向偏量而截止,而 T1 管发射结处于正向导通而工作(放大)。此时电源 V_{cc}通过 T1

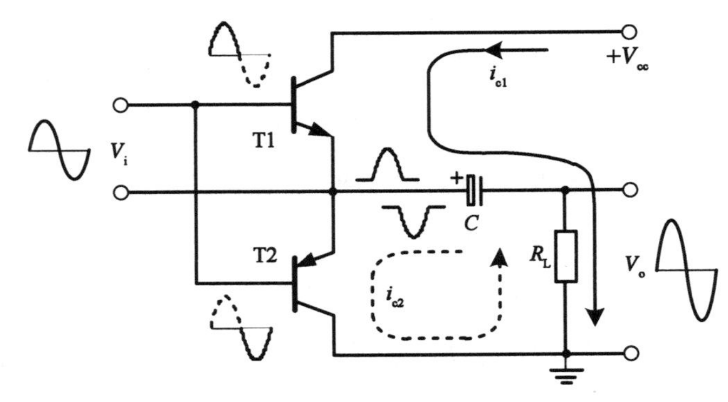

图 7-2 互补对称 OTL 电路原理图

管对电容 C 充电，充电电流 i_{c1} 流过负载 R_L，如图 7－2 中实线所示。当输入信号在负半周时，T1 截止，T2 导通而放大。这时，电容 C 作为电源，并通过 T2 对 R_L 放电，放电电流 i_{c2} 流过 R_L，如图 7－2 中虚线所示。由此可见，在信号 V_i 的一个周期内，i_{c1}、i_{c2} 以正、反不同的方向交替流过负载 R_L，在 R_L 上得到一个完整的波形。

在电路中，电容 C 除了耦合作用外，还充当了 T2 的电源。并且可以通过调整电路参数，使电容 C 两端的充电电压为 $\frac{1}{2}V_{cc}$。

由图 7－2 可见，互补对称电路实际上是由两组射极输出器构成。它具有输入阻抗高和输出阻抗低的特点，这也就解决了阻抗匹配问题。从而可以不用输出变压器进行阻抗变换，直接把负载接在放大器的输出端。这种电路又叫作无输出变压器功率放大器，简称 OTL 电路。

2. OTL 电路的输出功率和效率

为了便于分析，将 T2 的输出特性倒置在 T1 输出特性的下方，并使其在 Q 点$\left(\text{即 }\frac{1}{2}V_{cc}\text{ 处}\right)$重合，形成 T1 和 T2 的所谓合成特性曲线，如图 7－3 所示。

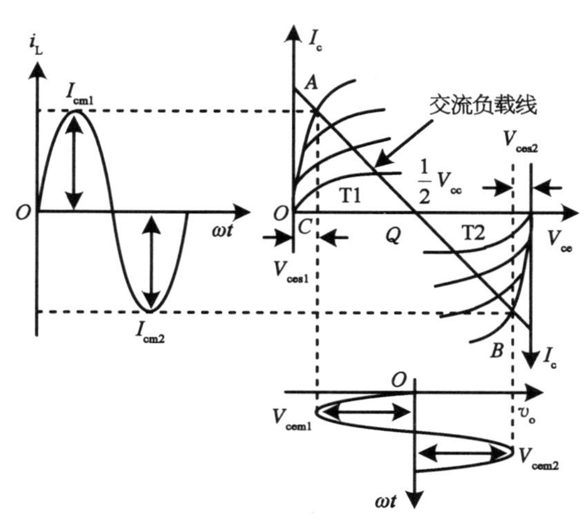

图 7－3　T1、T2 合成特性曲线

由图 7-2 可以看出，在正半周时，$V_o = i_{c1}R_L$，负半周时，$V_o = -i_{c2}R_L$，若两者对称，则对应于某一个集电极正峰值电流 I_{cm} 的输出功率为

$$P_o = i_L^2 R_L = \left(\frac{I_{cm}}{\sqrt{2}}\right)^2 R_L = \frac{1}{2} I_{cm}^2 R_L = \frac{1}{2}(I_{cm}R_L) \cdot I_{cm}$$

$$= \frac{1}{2} V_{ccm} \cdot I_{cm} = \Delta QAC \text{ 的面积(图 7-3 中的三角形面积)} \quad (7-1)$$

在这种乙类放大器中，电源只在信号的半个周期内供出电流，相应电源电流的波形是半个正弦波，如图 7-4 所示，故电源供给电流的平均值为

$$\bar{I}_c = \frac{1}{\pi} I_{cm} \quad (7-2)$$

相应电源供给的功率为

$$P_E = \bar{I}_c V_{cc} = \frac{1}{\pi} V_{cc} I_{cm} \quad (7-3)$$

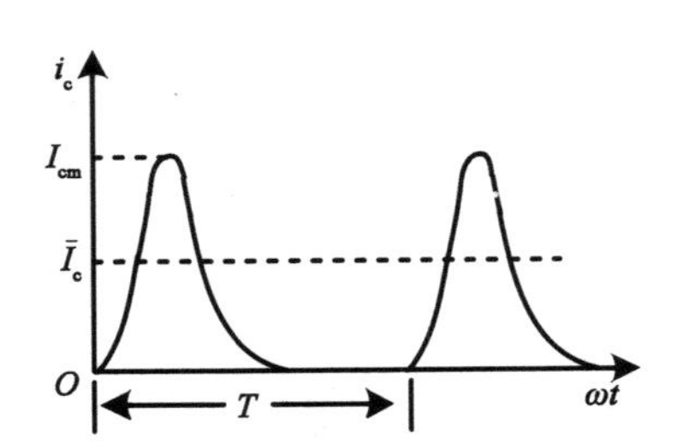

图 7-4　乙类功率放大器的电源电流波形

因此，乙类功率放大器的效率为

$$\eta = \frac{P_o}{P_E} = \frac{\frac{1}{2} V_{cem} \cdot I_{cm}}{\frac{1}{\pi} V_{cc} \cdot I_{cm}} = \frac{\frac{1}{4} V_{cc} \cdot I_c m}{\frac{1}{\pi} E_c \cdot I_c m} = \frac{\pi}{4} = 78.5\% \quad (7-4)$$

在这个电路中，由于 T1、T2 工作在乙类状态，其偏流及集电极静态电流均为零。当 V_i 很低时，i_{b1} 和 i_{b2} 都基本上为零，使得基极电流波形的底部

出现失真，如图 7－4 所示。经放大后集电极电流 i_{c1} 和 i_{c2} 的波形也出现同样的失真。这样，两管交替导通时，使得合成后的输出电流的波形在衔接处产生失真，这种失真叫作交越失真。

为了消除交越失真，预先给两管以适当的偏流，使两管在静态工作时处于微导通状态。也就是说，给两管的基极各有一个略大于死区电压的正向偏置电压。这样，OTL 电路就工作在甲乙类了，从而消除了交越失真。

3. 音调控制电路

对于一个完善的音频功率放大器，为了进一步改善其音质，以满足不同场合和各个听众对高音、低音的需求，往往还需要设置能对音调进行人为调节的电路，即音调控制电路。

音调控制电路一般有 3 种形式：衰减式、负反馈式和衰减-负反馈混合式。其中，衰减-负反馈混合式音调控制电路控制范围最宽，失真也小，因而使用最为广泛。下面简单介绍其控制原理。

图 7－5 为典型的衰减-负反馈混合式高低音分别可调控制电路。其实质是一个有源高通、低通滤波器。电位器 W_1 是低音控制器，R_1、R_2、W_1、C_1、C_2 构成低通网络。R_2、R_3、W_2、C_3 构成高通网络，W_2 为高音控制器。

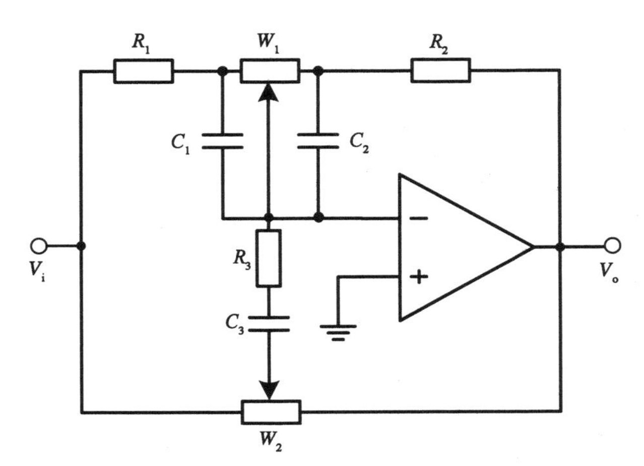

图 7－5　衰减负反馈式音调控制电路

本实验以 TDA2030 集成功率放大器为主要核心电子元件组成负反馈放大电路，将蓝牙模块输出的单声道音频模拟信号放大后驱动扬声器。电路原理图如图 7－6 所示。

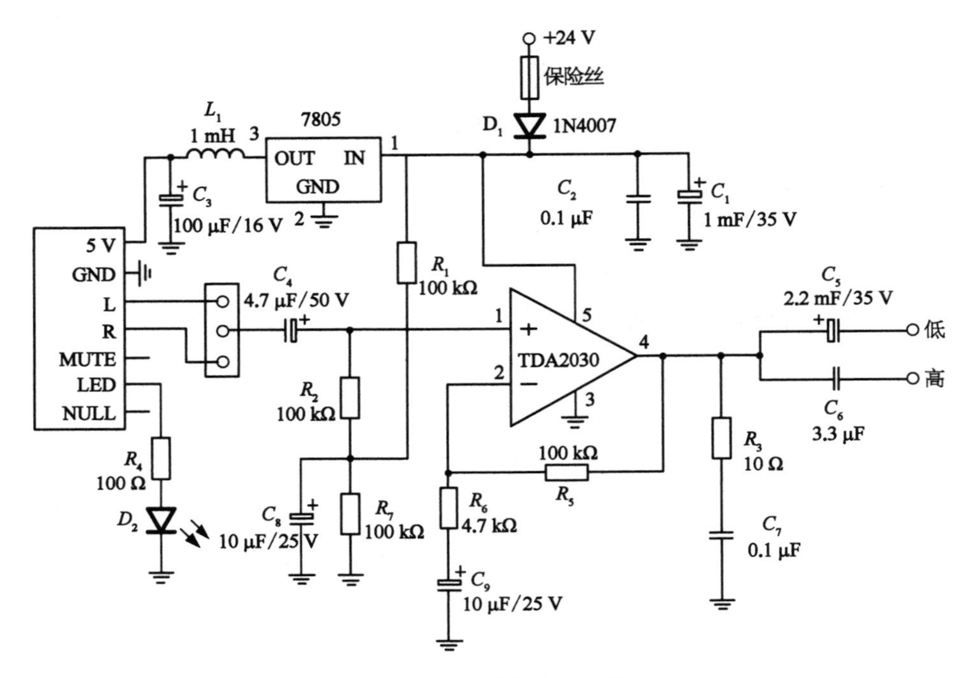

图 7－6　实验电路原理图

实验核心电路：TDA2030 组成电压串联负反馈电路，两路交流耦合输出分别驱动低音扬声器（低）和高音扬声器（高），＋24 V 供电。蓝牙模块接收到手机音频信号并输出左声道（L）或右声道（R），其＋5 V 供电由 7805 集成线性稳压芯片提供。音频信号通过 1 号引脚连接至 TDA2030 集成功率放大器，经过负反馈放大电路之后经由两个不同的电容 C_5、C_6 经过滤波输出低频电压和高频电压。

将滤波后的电压信号焊接至音响电极两端，就可以接收到放大后的交流信号，并实现声音的播放。至此，通过该实验即可完成蓝牙模块接受音频信号→音频信号放大→将放大后电信号还原为声音信号的全过程。

实验内容

1. 连接电路

(1) 对照图 7-5 所示的分立元件 OTL 功率放大器电路安装好实验板，包括 7085(给蓝牙模块供电的 5 V 电源)、蓝牙模块、TDA2030 模块以及高、低频电路分别连至音响的两个喇叭。

(2) 接线完毕仔细检查，确定无误后接通电源。

2. 测量最大不失真输出功率

输入频率为 1 kHz 的信号，调节功率放大器，使其具有最大不失真输出电压，测量有效输出电压 V_{max}，计算最大输出功率 P_{max}，并填入表 7-1。

表 7-1　放大器最大输出功率测量

V_{max}	R_L	P_{max}

3. 测量效率

在上述条件下，将直流电流表串入电源回路中，测量出 I_{max}，计算效率 η 并与理论值比较，填入表 7-2。

表 7-2　放大器效率测量

E_c	I_{max}	P_{max}	η

4. 测量放大器的频率响应特性

在保证 $f=10$ Hz ～ 20 kHz 范围内功放输出无明显限幅失真的条件下，

保持 V 不变,测量出 f 分别为 10 Hz、20 Hz、50 Hz、100 Hz、200 Hz、500 Hz、1 kHz、2 kHz、5 kHz、10 kHz、20 kHz、30 kHz、50 kHz 时的输出电压有效值 V,填入表 7 - 3,并作出 $V - \lg f$ 曲线,根据曲线确定 f_L、f_H。

表 7 - 3　放大器频率响应特性测量

f(Hz)	10	20	50	100	200	500	1 k	2 k	……
V									
$\lg f$									

实验总结

(1) 注明你所完成的实验内容,简述相应的基本结论。

(2) 选择你在实验中感受最深的一个实验内容,写出较详细的报告。要求使一个懂得电子电路原理但没有看过本书的人可以看懂该报告,并相信你从实验中得出的基本结论。

实验八 直流稳压电源

实验目的

(1) 加深理解串联型稳压电源的工作原理。

(2) 学习串联型稳压电源的调试及技术指标的测试方法。

实验原理

串联型稳压电源一般由调整管、取样电路、比较放大器和基准电压 4 个基本部分组成,如图 8-1 所示。图中 T1 为调整管,它与负载 R_L 串联,起电

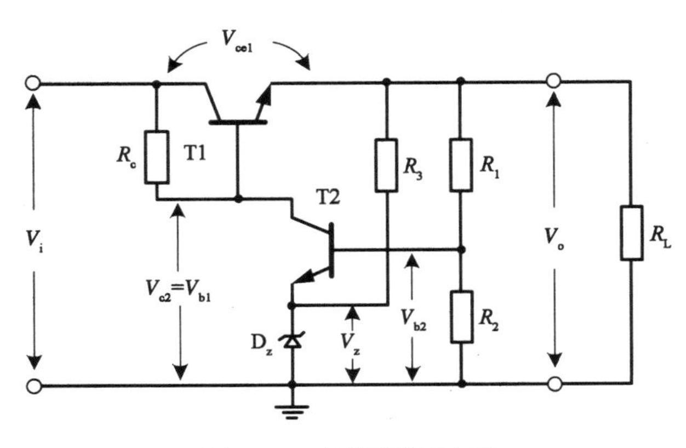

图 8-1 串联型稳压电路

压调节作用，R_1、R_2组成的分压器为取样电路，稳压管 D_z和 R_3组成基准电源，T2、R_c构成比较放大器。

在分析这一电路的稳压原理时，必须注意到下面两个关系

$$V_o = V_i - V_{ce1} \tag{8-1}$$

$$V_{be1} = V_{b1} - V_{e1} = V_{c2} - V_o \tag{8-2}$$

当输入电压 V_i增加或负载电流 I_L减小时，都将引起输出电压 V_o增加，于是 R_2两端的取样电压 V_{b2}相应增加，即 T2 管基极对地的电压 V_{b2}增加，V_{c2}减小，导致 V_{be1}减小，而 V_{ce1}增加，V_{ce1}的增量在很大的程度上抵消了 V_i的增量，从而使 V_o基本不变。这一稳压过程也可简单地表示为

$$V_i\uparrow(\text{或 } I_L\downarrow)\rightarrow V_o\uparrow\rightarrow V_{b2}\uparrow\rightarrow V_{c2}\downarrow\rightarrow V_{be1}\downarrow\rightarrow V_{ce1}\uparrow\rightarrow V_o\downarrow$$

同理，当 V_i降低或 I_L增加时，V_o减小，通过反馈和调压作用又会使 V_o回升，从而 V_o基本不变。

因此，当 V_o变化时，取样电路分取部分输出电压，将其加至比较放大器，基准电压 V_z也加至比较放大器，比较放大器对 V_{b2}和 V_z进行比较，并对误差电压加以放大，再送到调整管的基极，推动调整管调整电压，以达到稳定输出电压的目的。

稳压电源的主要技术指标可分为两部分。一部分是特性指标，如输出电流、输出电压及电压调节范围；另一部分是质量指标，反映一个稳压电源的优劣，包括稳定度、输出电阻、纹波电压、温度系数等。

(1) 由于输入电压变化而引起输出电压变化的程度可用以下质量指标表示：

- 稳压系数 S_v：表示负载不变时，输出电压的相对变化量与输入电压的相对变化量之比

$$S_v = \left.\frac{\Delta V_o / V_o}{\Delta V_i / V_i}\right|_{\substack{\Delta T_L = 0 \\ \Delta T = 0}} = \frac{\Delta V_o}{\Delta V_i} \cdot \frac{V_i}{V_o} \tag{8-3}$$

S_v的大小反映出稳压电源克服输入电压的能力。S_v愈小，输出电压的变化

愈小，电源的稳定度愈好。通常 S_v 约为 $10^{-2} \sim 10^{-4}$。

• 电流调整率 δ_v：指当输入电压波动±10%时，输出电压的相对变化量 $\frac{\Delta V_o}{V_o}$。一般 $\left|\frac{\Delta V_o}{V_o}\right| \leqslant 1\%$，甚至≤0.01%。

（2）由于负载变化而引起输出电压的变化，也常有以下两种：

• 输出电阻 r_o：表示输入电压不变化时，由于负载电流变化 ΔI_L 引起输出电压变化的 ΔV_o，则

$$r_o = \left.\frac{\Delta V_o}{V_{I_L}}\right|_{\substack{\Delta V_i = 0 \\ \Delta T = 0}} \tag{8-4}$$

r_o 反映了负载变动时，输出电压维持恒定的能力。r_o 愈小，则 I_L 变化时输出电压的变化也愈小。

• 电流调整率 δ_i：用负载电流 I_L 从零变到最大，输出电压的相对变化 $\frac{\Delta V_o}{V_o}$ 来表示。

（3）最大纹波电压：是指输出电压中 50 Hz 或 100 Hz 的交流分量，通常用有效值表示。经过稳压电源的作用可以使整流滤波后的纹波电压大大降低，降低的倍数反比于稳压系数 S_v。

（4）温度系数 K_T：即使输入电压和负载电流都不变，由于环境温度的变化也会引起输出电压的漂移，一般用温度系数 K_T 来表示

$$K_T = \left.\frac{\Delta V_o}{\Delta r}\right|_{\substack{\Delta V_i = 0 \\ \Delta T = 0}}，\text{单位 V/C} \tag{8-5}$$

图 8-2 为稳压电源实验电路。T1 为调整管，T2 为激励级（T1、T2 组成复合调整管），T3 为取样放大管，T4 为电路过流保护管，起过载保护作用。它是怎样起保护作用的？R_6 是电流检测电阻，当负载电流 I_L 过大时，在 R_6 上的压降 V_{R_6} 也增大，且右正左负，致使 V_{be4} 增大、I_{b4} 增大，从而 T4 饱和导通、T4 集电极电位下降，使得 T2 基极电位 V_{b2} 下降，导致 I_{b2}、I_{b1} 显著下降、V_{ce1} 增大，这时 $V_o = V_i - V_{ce1}$ 也显著下降，迫使 I_L 减小。如果输出端短路，可

使 T1、T2 截止而将电流 I_L 切断。

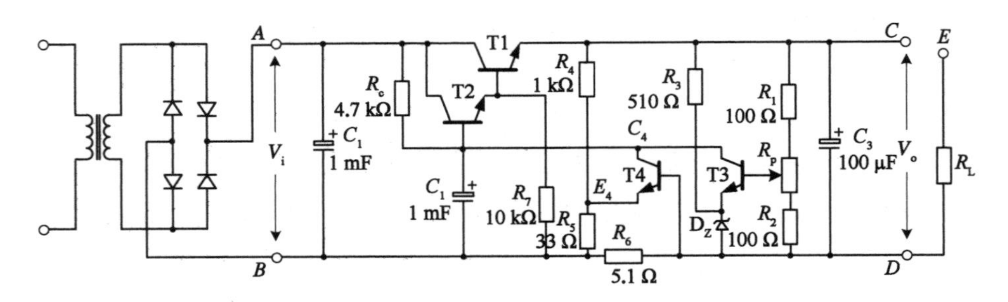

图 8－2　串联型稳压电源

实验内容

实验电路图如图 8－3 所示。

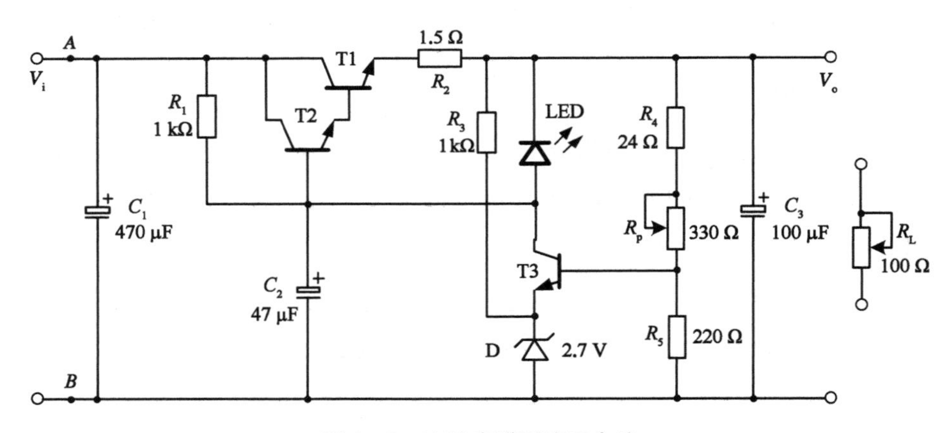

图 8－3　实验串联型稳压电路

1. 静态调试

（1）看清楚实验电路板的接线，查清引线端子。

（2）按图 8－1 接线，负载 R_L 开路，即稳压电源空载。

（3）将＋5 V～＋27 V 电源调到 9 V，接到 V_i 端。再调节电位器 R_p，使 V_o＝6 V。测量各三极管的 Q 点。

（4）调试输出电压的调节范围。

调节 R_p，观察输出电压 V_o的变化情况。记录 V_o的最大值和最小值。

2. 动态测量

1）测量电源稳压特性

使稳压电源处于空载状态，调节可调电源电位器，模拟电网电压波动 ±10%，如 V_i由 8 V 变到 10 V，测量相应的 ΔV。根据 $S=\dfrac{\Delta V_o/V_o}{\Delta V_i/V_i}$ 计算稳压系数。

2）测量稳压电源内阻及稳压电源的负载电流 I

由空载变化到额定值 $I_L=100$ mA 时，测量输出电压 V_o的变化量即可求出电源内阻 $r_o=\left|\dfrac{\Delta V_o}{\Delta I_L}\times 100\%\right|$，测量过程中使 V_i 始终保持 9 V。

3）测试输出的纹波电压

将图 8－3 的电压输入端 V_i接到图 8－4 的整流滤波电路输出端（即接通 $A-a$、$B-b$），在负载电流 $I_L=100$ mA 条件下，用示波器观察稳压电源输入输出中的交流分量，描绘其波形。用晶体管毫伏表，测量交流分量的大小。

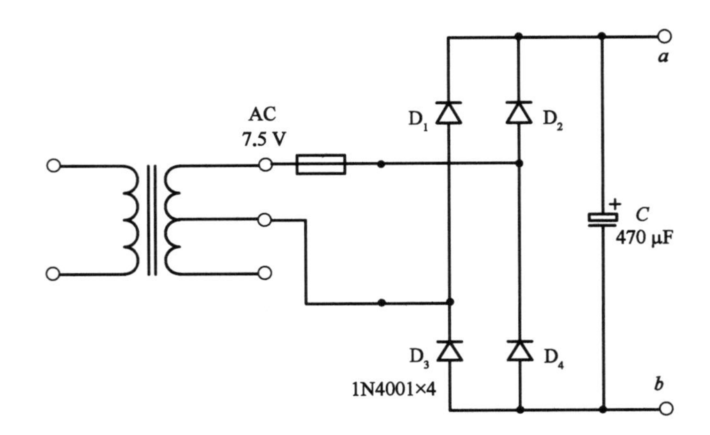

图 8－4 整流滤波电路

3. 输出保护

（1）在电源输出端接上负载 R_L，同时串接电流表，并用电压表监视输出电压，逐渐减小 R_L 值，直到短路，注意 LED 发光二极管逐渐变亮，记录此时的电压、电流值。

(2) 逐渐加大 R_L 值，观察并记录输出电压、电流值。

注意 短路时间应尽量短(不超过 5 s)，以防元器件过热。

4. 选做项目

测试稳压电源的外特性。(实验步骤自拟)

实验总结

(1) 对静态调试及动态测试进行总结。

(2) 计算稳压电源内阻 $r_o = \dfrac{\Delta V_o}{\Delta I_L}$ 及稳压系数 S_v。

(3) 对部分实验思考进行讨论。

实验思考

(1) 动态测量：如果把图 8-3 所示电路中电位器的滑动端往上(或是往下)调，各三极管的 Q 点将如何变化？可以实际操作一下。

(2) 动态测量：调节 R_L 时，V_3 的发射极电位如何变化？R_L 两端电压如何变化？可以实际操作一下。

(3) 动态测量：如果把 C_3 去掉(开路)，输出电压将如何变化？

(4) 动态测量：该稳压电源中哪个三极管消耗的功率最大？按实验内容 2 中 3)的接线为依据。

(5) 输出保护：如何改变电源保护值。

第二部分

数字电子技术

实验九 门电路与组合逻辑

实验目的

（1）熟悉基本门电路的逻辑功能。

（2）掌握组合逻辑电路的功能测试及分析方法。

（3）验证半加器和全加器电路的逻辑功能。

（4）熟悉译码器和数据选择器的功能。

实验原理

1. 门电路

在现代数字系统中，如计算机、数字通信、控制系统、数字仪表中，门电路是应用十分广泛的电路。所谓“门”就是一种开关，它能按照一定条件（逻辑关系）去控制信号导通与截止。最基本的门电路逻辑器件有与门、或门和非门。

1）与门

实现“与”运算功能的逻辑器件称为与门。每个与门有两个以上输入端和一个输出端。2 输入端与门的逻辑符号和真值表见图 9－1 和表 9－1。输出 F 和输入 A、B 之间的逻辑关系表达式为 $F=A \cdot B$。

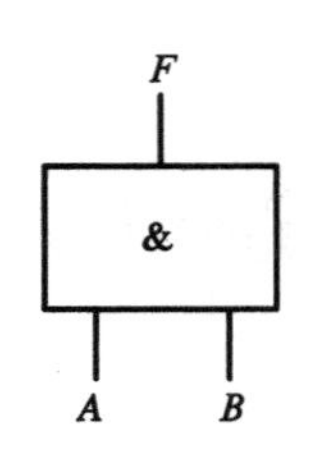

图 9-1　与门逻辑符号

表 9-1　与门真值表

A	B	F
0	0	0
0	1	0
1	0	0
1	1	1

2）或门

实现“或”运算功能的逻辑器件称为或门。每个或门有两个以上输入端和一个输出端。2 输入端或门的逻辑符号和真值表见图 9-2 和表 9-2。输出 F 和输入 A、B 之间的逻辑关系表达式为 $F=A+B$。

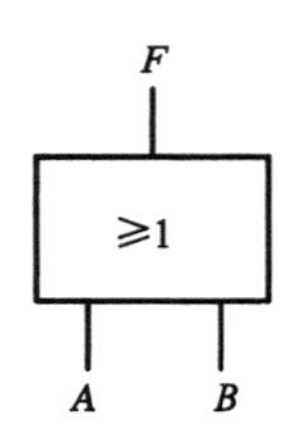

图 9-2　或门逻辑符号

表 9-2　或门真值表

A	B	F
0	0	0
0	1	1
1	0	1
1	1	1

3）非门

实现“非”运算功能的逻辑器件称为非门，又称反相器。非门有一个输入端和一个输出端。其逻辑符号和真值表见图 9-3 和表 9-3。输出 F 和输入 A 之间的逻辑关系表达式为 $F=\bar{A}$。

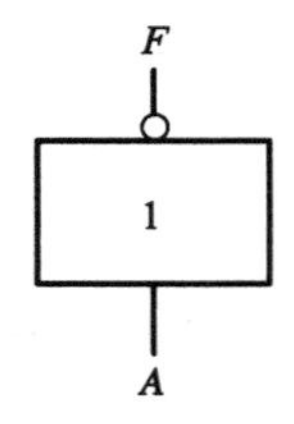

图 9-3　非门逻辑符号

表 9-3　非门真值表

A	F
0	1
1	0

4）与非门

实现“与非”运算功能的逻辑器件称为与非门。与非门有两个以上输入端和一个输出端。与非门是一种通用逻辑门，不仅可以实现“与”“或”“非”三种基本运算，而且可构成任何逻辑电路。2 输入端与非门的逻辑符号和真值表见图 9-4 和表 9-4。输出 F 和输入 A、B 之间的逻辑关系表达式为 $F=\overline{A\cdot B}$。

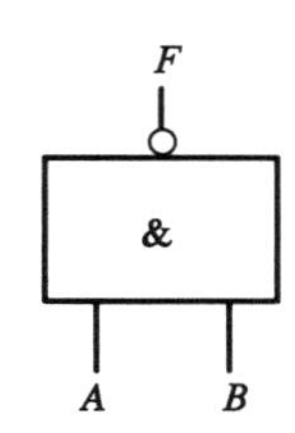

图 9-4　与非门逻辑符号

表 9-4　与非门真值表

A	B	F
0	0	1
0	1	1
1	0	1
1	1	0

5）或非门

实现“或非”运算功能的逻辑器件称为或非门。或非门有两个以上输入端和一个输出端。或非门也属于通用逻辑门。2 输入端或非门的逻辑符号和真值表见图 9-5 和表 9-5。输出 F 与输入 A、B 之间的逻辑关系表达式为 $F=\overline{A+B}$。

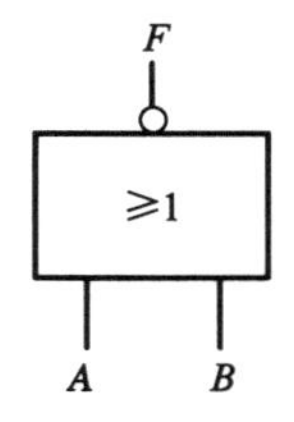

图 9-5　或非门逻辑符号

表 9-5　或非门真值表

A	B	F
0	0	1
0	1	0
1	0	0
1	1	0

6）与或非门

实现“与或非”运算功能的逻辑器件称为与或非门，也是一种通用逻辑门。与或非门的逻辑符号和真值表见图 9-6 和表 9-6。输出 F 与输入 A、

B、C、D 之间的逻辑关系表达式为 $F=\overline{AB+CD}$。

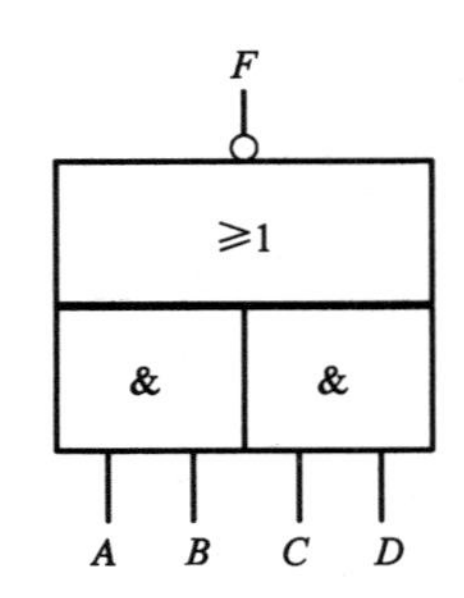

图 9-6　与或非门逻辑符号

表 9-6　与或非门真值表

A	B	C	D	F	A	B	C	D	F
0	0	0	0	1	1	0	0	0	1
0	0	0	1	1	1	0	0	1	1
0	0	1	0	1	1	0	1	0	1
0	0	1	1	0	1	0	1	1	0
0	1	0	0	1	1	1	0	0	0
0	1	0	1	1	1	1	0	1	0
0	1	1	0	1	1	1	1	0	0
0	1	1	1	0	1	1	1	1	0

7）异或门

实现“异或”运算功能的逻辑器件被称为异或门。异或门有两个输入端和一个输出端。异或门的逻辑符号和真值表见图 9-7 和表 9-7。输出 F 和输入 A、B 之间的逻辑关系表达为 $F=A\oplus B=\bar{A}B+A\bar{B}$。该表达式的逻辑含义是：当 A、B 取值不同时，F 的值为 1；当 A、B 取值相同时，F 的值为 0。

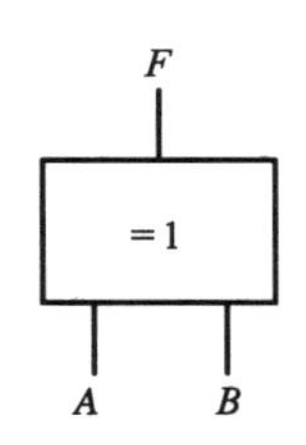

图 9－7　异或门逻辑符号

表 9－7　异或门真值表

A	B	F
0	0	0
0	1	1
1	0	1
1	1	0

实际实验中使用的是集成门电路芯片，包括 2 输入端四与非门 74LS00、2 输入端四或非门 74LS02、六非门 74LS04、4 输入端双与非门 74LS20、10 输入端与或非门 74LS54、2 输入端四异或门 74LS86 等，电路芯片的引脚与其中的逻辑功能如图 9－8 所示，实验时根据需要选择其中的逻辑门连入电路。

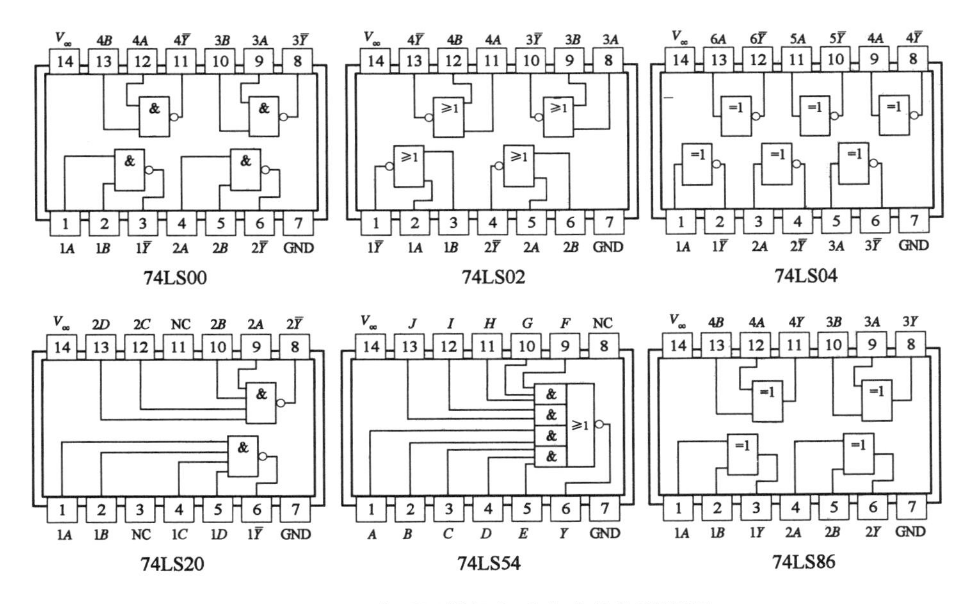

图 9－8　常用逻辑门集成电路芯片引脚图

2. 组合逻辑电路

组合逻辑电路一般是由若干基本逻辑门组合而成的。其中既无从输出到输入的任何反馈电路，也不包含可以存储信号的记忆器件。它在任何时刻产生的稳定输出值仅仅取决于该时刻各输入值的组合，而与过去的输入值无关。

根据给定的组合逻辑电路，求得电路逻辑功能的过程即为组合逻辑电路的分析。组合逻辑电路的分析，一般可按以下步骤进行：

（1）根据给定的逻辑电路，写出逻辑函数表达式。

（2）化简逻辑电路的输出函数表达式。

（3）根据化简后的逻辑表达式列出真值表。

（4）确定给定电路的逻辑功能。

下面分析图 9－9 给定的组合逻辑电路。

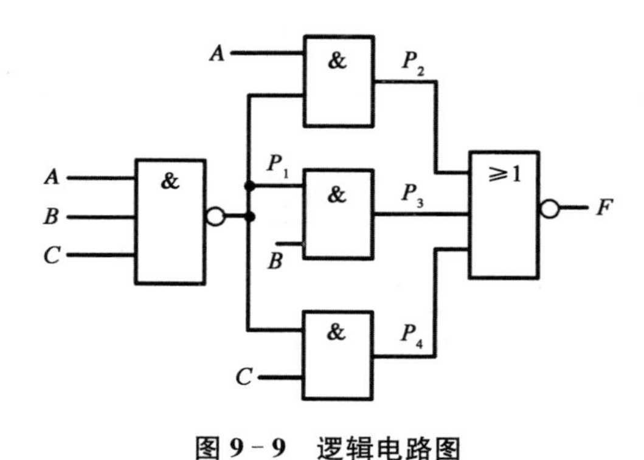

图 9－9　逻辑电路图

先根据电路中每种逻辑门电路的功能，从输入到输出，逐级写出各逻辑门的函数表达式

$$\begin{cases} P_1 = \overline{ABC} \\ P_2 = A \cdot P_1 = A \cdot \overline{ABC} \\ P_3 = B \cdot P_1 = B \cdot \overline{ABC} \\ P_4 = C \cdot P_1 = C \cdot \overline{ABC} \\ F = \overline{P_2 + P_3 + P_4} = \overline{A \cdot \overline{ABC} + B \cdot \overline{ABC} + C \cdot \overline{ABC}} \end{cases} \tag{9-1}$$

再利用代数化简法对输出函数表达式进行化简

$$F=\overline{A\cdot\overline{ABC}+B\cdot\overline{ABC}+C\cdot\overline{ABC}}=\overline{\overline{ABC}(A+B+C)}$$
$$=\overline{\overline{ABC}}+\overline{(A+B+C)}=ABC+\bar{A}\bar{B}\bar{C} \quad (9-2)$$

然后依据化简后的函数表达式列出真值表，见表 9－8。

表 9－8　图 9－9 逻辑电路的真值表

A	B	C	F
0	0	0	1
0	0	1	0
0	1	0	0
0	1	1	0
1	0	0	0
1	0	1	0
1	1	0	0
1	1	1	1

最后进行功能评述。由真值表可知，该电路仅当输入 A、B、C 的值都为 0 或都为 1 时，输出 F 的值为 1，其他情况下输出 F 均为 0。可见，该电路具有检查输入信号是否一致的逻辑功能。

组合逻辑电路的设计过程与分析过程相反，主要是根据实际的逻辑问题，设计出满足要求的逻辑电路，找出用最少的逻辑门来实现给定的逻辑功能的方案。

组合逻辑电路的设计步骤一般如下：

(1) 分析设计要求，根据实际逻辑问题确定输入、输出变量，并定义变量状态的含义，列出真值表。

(2) 由真值表写出逻辑表达式，并根据需要应用公式法或卡诺图法进行化简。

(3) 根据使用逻辑门的数量等因素找到适当形式的逻辑函数表达式，画出逻辑电路图。

下面使用与非门设计一个三变量多数表决电路。

首先根据给定逻辑要求建立真值表如表 9-9 所示。用 A、B、C 分别代表参加表决的 3 个逻辑变量，函数 F 代表表决结果。取值 0 表示“反对”或“否决”，取值 1 表示“赞成”或“通过”。

表 9-9　三变量多数表决电路的真值表

A	B	C	F
0	0	0	0
0	0	1	0
0	1	0	0
0	1	1	1
1	0	0	0
1	0	1	1
1	1	0	1
1	1	1	1

然后依据真值表写出逻辑表达式

$$
\begin{aligned}
F(A, B, C) &= AB + AC + BC \\
&= \overline{\overline{AB + AC + BC}} \\
&= \overline{\overline{AB} \cdot \overline{AC} \cdot \overline{BC}}
\end{aligned}
\tag{9-3}
$$

利用卡诺图化简转换成适当形式(用与非门实现)，并画出实现给定功能的逻辑电路图，如图 9-10 所示。

3. 译码器电路

译码器是一类重要的组合逻辑电路。译码是编码的逆过程。在编码

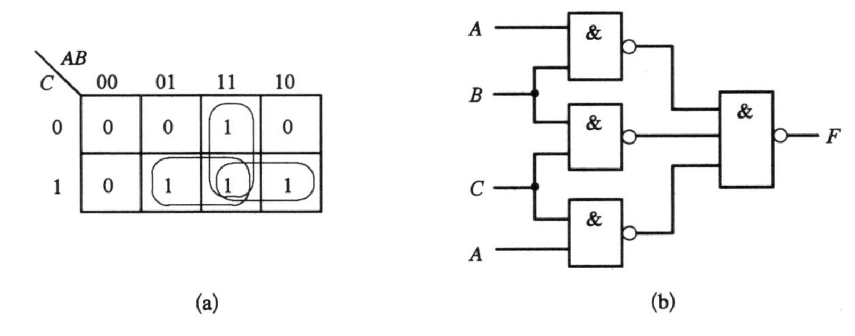

图 9－10　卡诺图(a)及逻辑电路图(b)

时，每一种二进制代码状态，都被赋予特定的含义，即都表示一个确定的信号或者对象。把代码状态的特定含义“翻译”出来的过程叫作译码，实现译码操作的电路被称为译码器。换言之，译码器可以将输入二进制代码的状态翻译成输出信号，以表示其原来含义的电路。根据需要，输出信号既可以是脉冲，也可以是高电平或者低电平。译码器的种类很多，最常用的是二进制译码器，它把二进制代码的各种状态，按其原义翻译成对应输出信号的电路，叫作二进制译码器，也被称为变量译码器，因为它把输入变量的取值全翻译出来了。图 9－11 是其示意框图，A_0、A_1、…、A_{n-1}是 n 位二进制代码、Y_0、Y_1、…、Y_{m-1} 是 m 个输出信号，在二进制译码器中，$m = 2^n$。

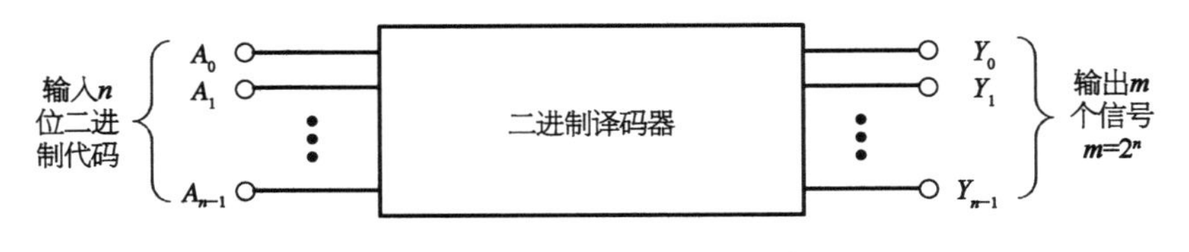

图 9－11　二进制译码器示意

1）3 位二进制译码器

严格地讲，不知道编码规则是无法译码的，不过在二进制译码器中，一般情况下都把输入的二进制代码状态当成二进制数，输出就是相应十进制的数值，并用输出信号的下标表示。表 9－10 是 3 位二进制译码器的真值表，输入是 3 位二进制代码 A_2、A_1、A_0，输出是其状态译码 Y_7～Y_0。

表 9 - 10　3 位二进制译码器的真值表

输入			输出							
A_2	A_1	A_0	Y_7	Y_6	Y_5	Y_4	Y_3	Y_2	Y_1	Y_0
0	0	0	0	0	0	0	0	0	0	1
0	0	1	0	0	0	0	0	0	1	0
0	1	0	0	0	0	0	0	1	0	0
0	1	1	0	0	0	0	1	0	0	0
1	0	0	0	0	0	1	0	0	0	0
1	0	1	0	0	1	0	0	0	0	0
1	1	0	0	1	0	0	0	0	0	0
1	1	1	1	0	0	0	0	0	0	0

由表 9 - 10 所示真值表可直接得到逻辑表达式如下

$$\begin{cases} Y_0 = \overline{A}_2\,\overline{A}_1\,\overline{A}_0 \quad Y_1 = \overline{A}_2\,\overline{A}_1 A_0 \\ Y_2 = \overline{A}_2 A_1\,\overline{A}_0 \quad Y_3 = \overline{A}_2 A_1 A_0 \\ Y_4 = A_2\,\overline{A}_1\,\overline{A}_0 \quad Y_5 = A_2\,\overline{A}_1 A_0 \\ Y_6 = A_2 A_1\,\overline{A}_0 \quad Y_7 = A_2 A_1 A_0 \end{cases} \tag{9-4}$$

根据上述逻辑表达式画出的逻辑图见图 9 - 12。

由于译码器各个输出信号逻辑表达式的基本形式是对应输入信号的与运算，所以它的逻辑图是由与门组成的阵列，这也是译码器基本电路结构的一个显著特点。

如果把图 9 - 11 所示电路的与门换成与非门，同时把输出信号写成反变量，那么所得到的就是由与非门构成的输出为反变量(低电平有效)的 3 位二进制译码器，如图 9 - 12 所示。

3 位二进制译码器又叫作 3 线- 8 线译码器，因为它有 3 根输入线、8 根输出信号线。

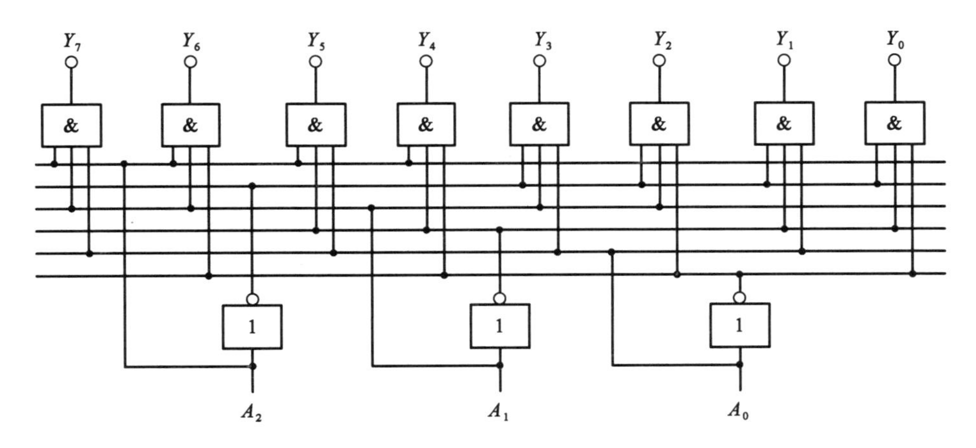

图 9-12 3 位二进制译码器

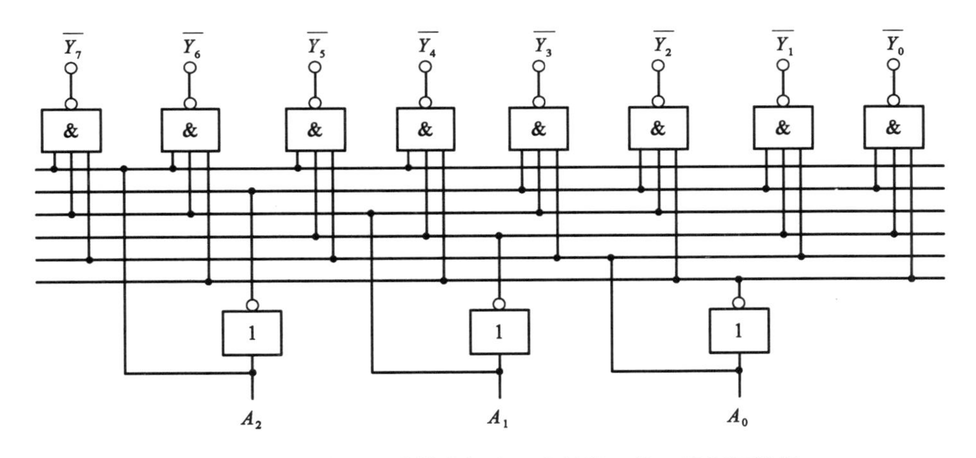

图 9-13 与非门组成输出低电平有效的 3 位二进制译码器

2）集成 3 线-8 线译码器

若把图 9-13 所示电路加上控制门制作在一个芯片上，便可构成集成 3 线-8 线译码器。图 9-14 是其外引线功能端排列图及逻辑功能示意图，表 9-11 是其真值表。S_1、S_2 和 S_3 是 3 个输入选通控制端，当 $S_1=0$ 或 $S_2+S_3=1$ 时，译码被禁止，译码器的输出端 $\overline{Y}_0\sim\overline{Y}_7$ 全为 1；只有当 $S=1$、$\bar{S}_2+\bar{S}_3=0$ 时，译码器才能正常运行，完成译码操作。

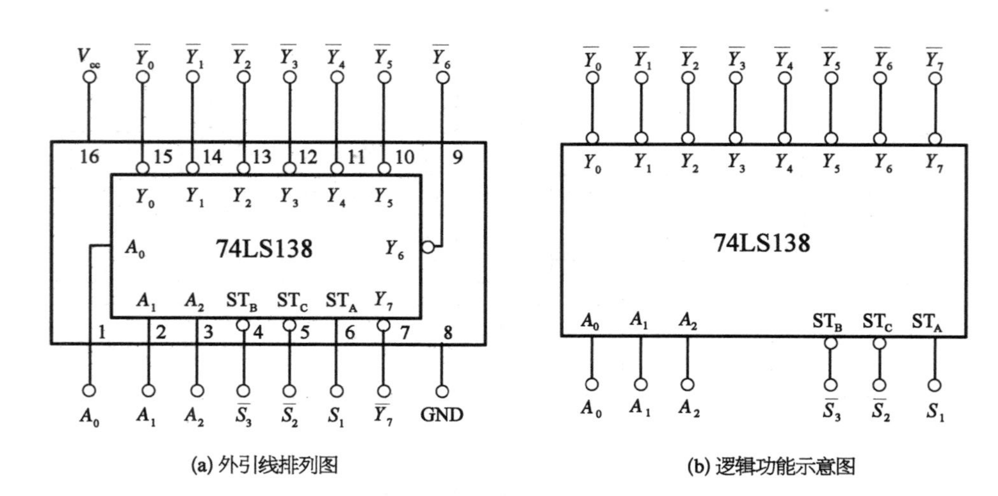

(a) 外引线排列图　　(b) 逻辑功能示意图

图 9－14　集成 3 线－8 线译码器

表 9－11　集成 3 线－8 线译码器的真值表

输入					输出							
S_1	$\overline{S}_2+\overline{S}_3$	A_2	A_1	A_0	$\overline{Y}_7$	$\overline{Y}_6$	$\overline{Y}_5$	$\overline{Y}_4$	$\overline{Y}_3$	$\overline{Y}_2$	$\overline{Y}_1$	$\overline{Y}_0$
1	0	0	0	0	1	1	1	1	1	1	1	0
1	0	0	0	1	1	1	1	1	1	1	0	1
1	0	0	1	0	1	1	1	1	1	0	1	1
1	0	0	1	1	1	1	1	1	0	1	1	1
1	0	1	0	0	1	1	1	0	1	1	1	1
1	0	1	0	1	1	1	0	1	1	1	1	1
1	0	1	1	0	1	0	1	1	1	1	1	1
1	0	1	1	1	0	1	1	1	1	1	1	1
0	×	×	×	×	1	1	1	1	1	1	1	1
×	1	×	×	×	1	1	1	1	1	1	1	1

4. 数据选择器电路及其设计思路

数据选择器是另一类重要的组合逻辑电路。在多路数据传送过程中，能够根据需要将其中任意一路挑选出来的电路，叫作数据选择器，也被称为多路选择器或多路开关。

1）逻辑抽象

输入、输出信号分析

（1）输入信号：4路数据，用D_0、D_1、D_2、D_3表示；2个选择控制信号，用A_1、A_0表示。

（2）输出信号：用Y表示，它可以是4路输入数据中的任意一路，究竟是哪一路完全由选择控制信号决定。

示意框图如图9-15所示。

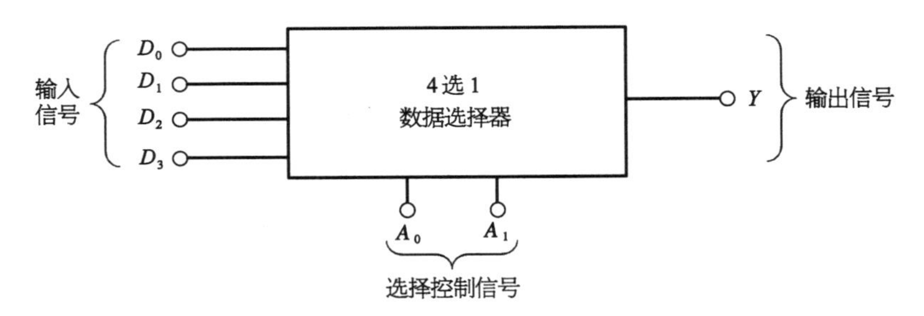

图9-15　4选1数据选择器示意框图

选择控制信号状态约定

令$A_1A_0=00$时$Y=D_0$，$A_1A_0=01$时$Y=D_1$，$A_1A_0=10$时$Y=D_2$，$A_1A_0=11$时$Y=D_3$。

真值表

根据数据选择的概念和A_1A_0状态的约定，可列出表9-12所示的真值表。

2）逻辑表达式

由表9-12可以得到

$$Y=D_0\bar{A}_1\bar{A}_0+D_1\bar{A}_1A_0+D_2A_1\bar{A}_0+D_3A_1A_0 \quad (9-5)$$

表 9-12　4 选 1 数据选择器的真值表

输　　入			输　　出
D	A_1	A_0	Y
D_0	0	0	D_0
D_1	0	1	D_1
D_2	1	0	D_2
D_3	1	1	D_3

3）逻辑图

由 Y 的逻辑表达式可画出如图 9-16 所示的逻辑图。

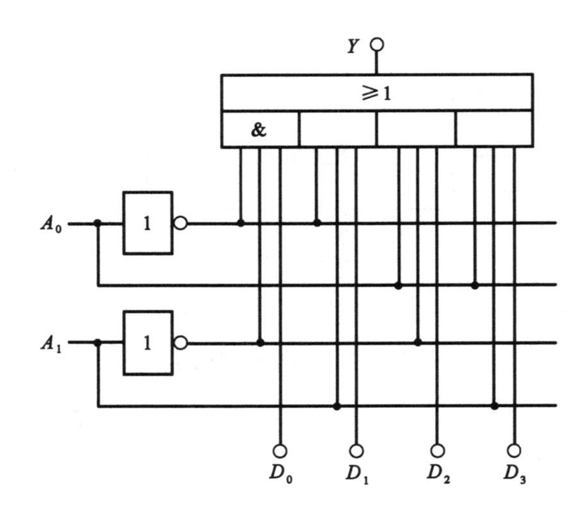

图 9-16　4 选 1 数据选择器

实验内容

1. 门电路的测试

1）测试门电路逻辑功能

(1) 选用一片 4 输入端双与非门 74LS20，按图 9-17 接线，输入端 1、2、

4、5 接 $S_1 \sim S_4$(电平开关输出插口)，输出端 A、B、Y 接发光二极管电平显示($D_1 \sim D_8$任意一个)。

(2) 将电平开关按表 9－13 置位，分别测量输出电压及逻辑状态。

表 9－13　74LS20 与非门电路逻辑功能测试

输　入				输　出	
1	2	4	5	Y	电压(V)
1	1	1	1		
0	1	1	1		
0	0	1	1		
0	0	0	1		
0	0	0	0		

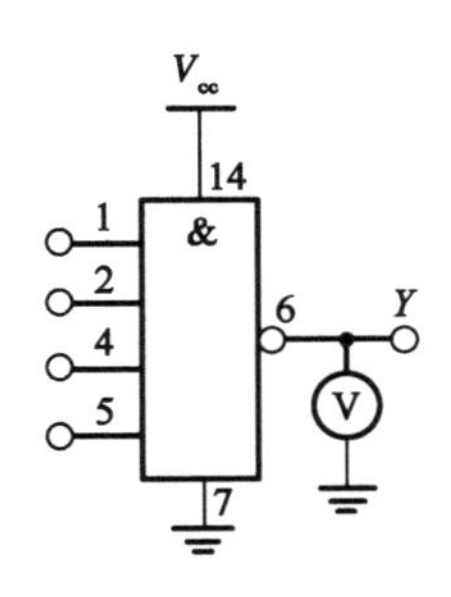

图 9－17　与非门电路测试

(3) 选 2 输入端四异或门电路 74LS86，按图 9－18 接线，输入端 1、2、4、5 接 $S_1 \sim S_4$(电平开关)，输出端 A、B、Y 发光二极管接电平显示($D_1 \sim D_8$ 任意一个)。

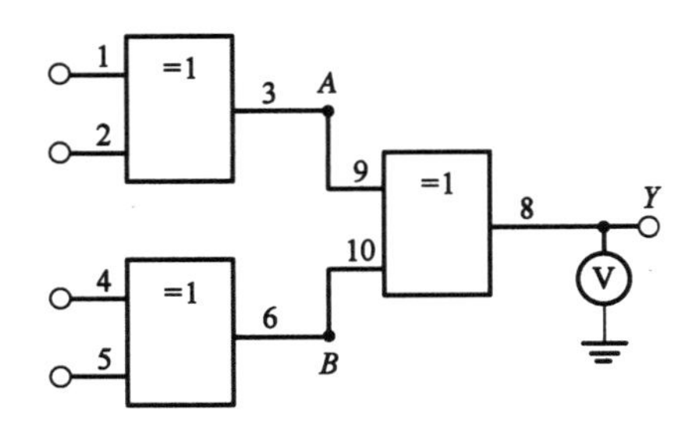

图 9－18　异或门电路测试

(4) 将电平按表 9－14 置位，将结果填入表中。

(5) 使用与非门 74LS00、按图 9－19、图 9－20 接线，将输入输出逻辑关系分别填入表 9－15、表 9－16 中。

(6) 写出(5)中两个电路的逻辑表达式。

表 9-14　74LS86 异或门电路逻辑功能测试

输入				输出			
1	2	4	5	*A*	*B*	*Y*	*Y* 电压(V)
0	0	0	0				
1	0	0	0				
1	1	0	0				
1	1	1	0				
1	1	1	1				
0	1	0	1				

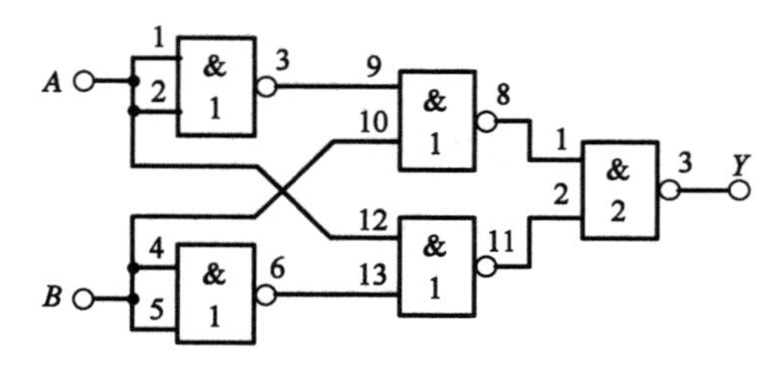

图 9-19　与非门电路测试 1

表 9-15　74LS00 与非门电路逻辑功能测试 1

输入		输出
A	*B*	*Y*
0	0	
0	1	
1	0	
1	1	

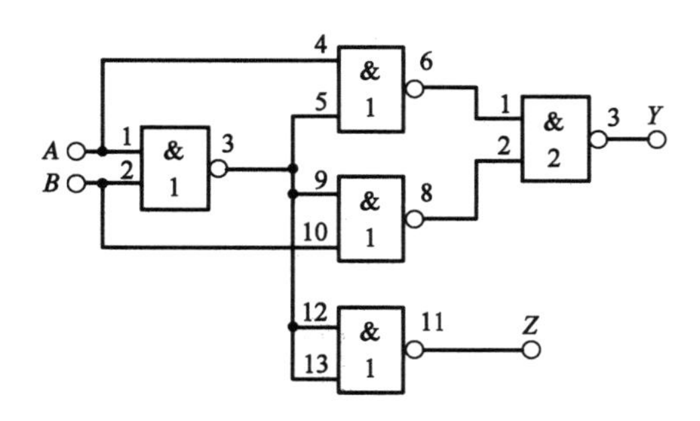

图 9-20　与非门电路测试 2

表 9-16　74LS00 与非门电路逻辑功能测试 2

输　入		输　出	
A	B	Y	Z
0	0		
0	1		
1	0		
1	1		

2）逻辑门传输延迟时间的测量

用六反相器(非门)按图 9-21 接线，输入 80 kHz 的连续脉冲，用双踪示波器测量输入、输出相位差，计算每个门的平均传输延迟时间 $\bar{t}_{pd}$。

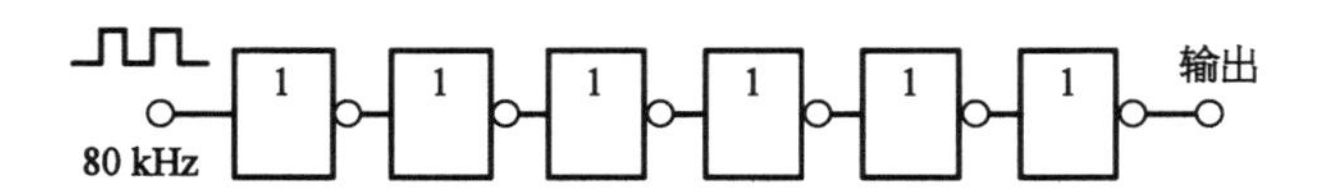

图 9-21　逻辑门传输延迟时间测量

3）利用与非门控制输出

选用一片 74LS00 按图 9-22 接线，S 接任一电平开关，通过示波器观察 S 对输出脉冲的控制作用。

4）用与非门组成其他门电路测试并验证

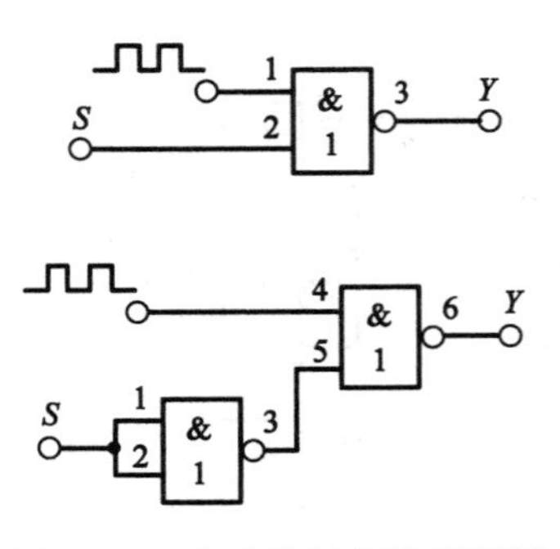

图 9-22　与非门控制输出测试

组成或非门

用一片 2 输入端四与非门组成或非门

$$Y=\overline{A+B}=\bar{A}\cdot\bar{B}$$

画出电路图,测试并填入表 9-17。

组成异或门

(1) 将异或门表达式转化为与非门表达式。

(2) 画出逻辑电路图。

(3) 测试并填入表 9-18。

表 9-17　与非门组成或非门电路逻辑功能测试

输入		输出
A	B	Y
0	0	
0	1	
1	0	
1	1	

表 9-18　与非门组成异或门电路逻辑功能测试

A	B	Y
0	0	
0	1	
1	0	
1	1	

2. 组合逻辑电路功能测试

(1) 用 2 片 74LS00 组成图 9-23 所示逻辑电路。为便于接线和检查,图中注明了芯片编号及各引脚对应的编号。

(2) 图中 A、B、C 接电平开关，Y_1、Y_2 接发光二极管电平显示。

(3) 按表 9－19 要求，改变 A、B、C 的状态填表，并写出 Y_1、Y_2 逻辑表达式。

(4) 将运算结果与实验比较。

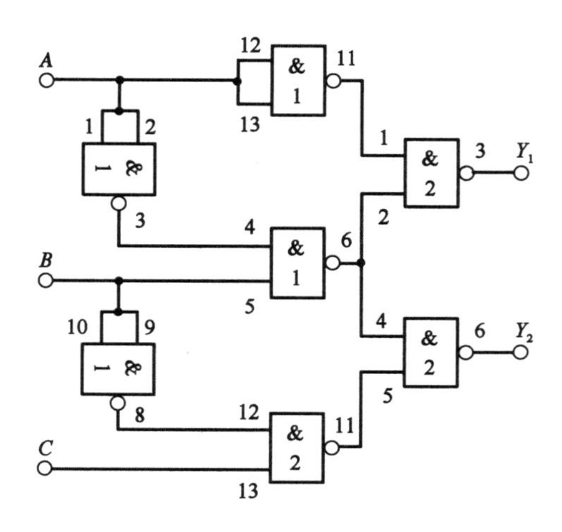

图 9－23　组合逻辑电路功能测试

表 9－19　图 9－23 组合逻辑电路功能测试

输　入			输　出	
A	B	C	Y_1	Y_2
0	0	0		
0	0	1		
0	1	1		
1	1	1		
1	1	0		
1	0	0		
1	0	1		
0	1	0		

3. 加法器实验

1）用异或门(74LS86)和与非门组成半加器的逻辑功能

根据半加器的逻辑表达式可知，半加器 Y 是 A、B 的异或，而进位 Z 是 A、B 相与。故半加器可用一个集成异或门和 2 个与非门组成，如图 9-24 所示。

用异或门和与非门连接成图 9-24 所示电路。A、B 接电平开关，S、Y、Z 接电平显示。按表 9-20 要求改变 A、B 状态并填表。

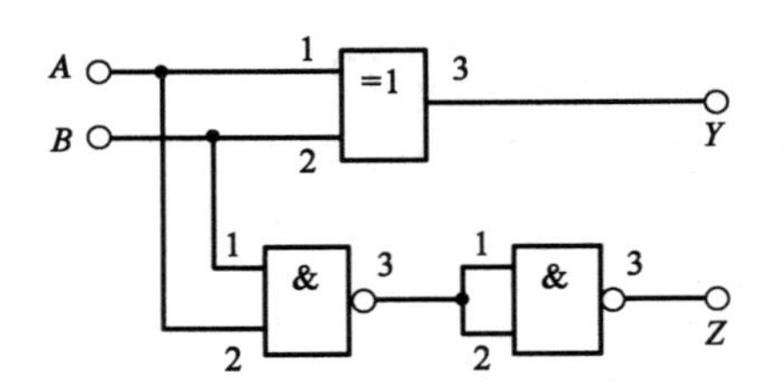

图 9-24　半加器逻辑功能测试

表 9-20　半加器逻辑功能测试

输入端	A	0	1	0	1
	B	0	0	1	1
输出端	Y				
	Z				

2）全加器的实现方法 1

写出图 9-25 所示电路的逻辑表达式。根据逻辑表达式列出真值表 9-21，根据真值表画出逻辑函数 S_i、C_i 的卡诺图：

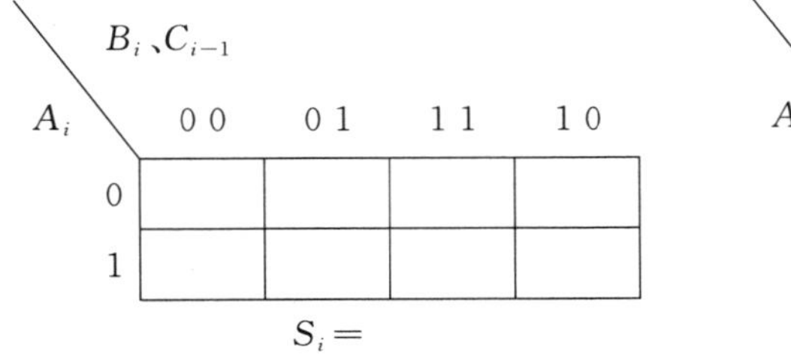

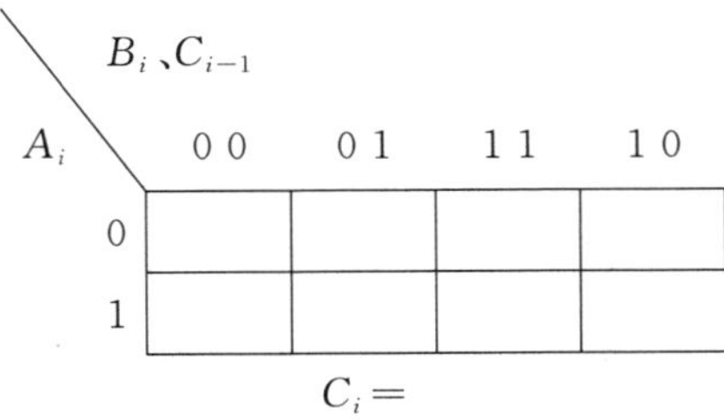

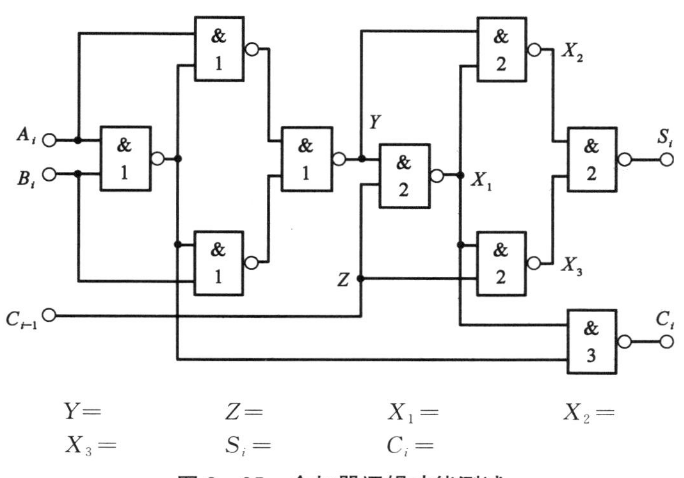

$Y=$　　　　$Z=$　　　　$X_1=$　　　　$X_2=$

$X_3=$　　　　$S_i=$　　　　$C_i=$

图 9－25　全加器逻辑功能测试

表 9－21　根据图 9－25 电路逻辑表达式列出真值表

A_i	B_i	C_{i-1}	Y	Z	X_1	X_2	X_3	S_i	C_i
0	0	0							
0	1	0							
1	0	0							
1	1	0							
0	0	1							
0	1	1							
1	0	1							
1	1	1							

按原理图选择与非门并连线进行测试，将测试结果填入表 9－22，并与表 9－21 进行比较，检查逻辑功能是否一致。

表 9-22　全加器逻辑功能测试 1

A_i	B_i	C_{i-1}	C_i	S_i
0	0	0		
0	1	0		
1	0	0		
1	1	0		
0	0	1		
0	1	1		
1	0	1		
1	1	1		

3）全加器的实现方法 2

全加器可以由两个半加器、两个与门和一个或门组成，在实验中常由一个异或门、一个与或非门和一个与非门实现。

（1）写出用异或门、与或非门和非门实现全加器的逻辑表达式，画出逻辑电路图。

（2）找出异或门、与或非门和非门器件，按自己画出的图接线。接线时注意与或非门中不用的与门输入端接地。

（3）当输入端 A_i、B_i 及 C_{i-1} 为表 9-23 所列情况时，用万用表测量 S_i 和 C_i 的电位并将其转为逻辑状态填入表 9-23。

表 9-23　全加器逻辑功能测试 2

输入端	A_i	0	0	0	0	1	1	1	1
	B_i	0	0	1	1	0	0	1	1
	C_{i-1}	0	1	0	1	0	1	0	1
输出端	S_i								
	C_i								

4）一位全加器 74LS183 的功能测试及应用

74LS183 的功能测试

74LS183 芯片的逻辑符号如图 9－26 所示。图中 A_i、B_i 为加数，C_{i-1} 为低位传来的进位，Σ_i 为和数，C_i 为本位的进位。测试该芯片功能，并将结果列成真值表形式。

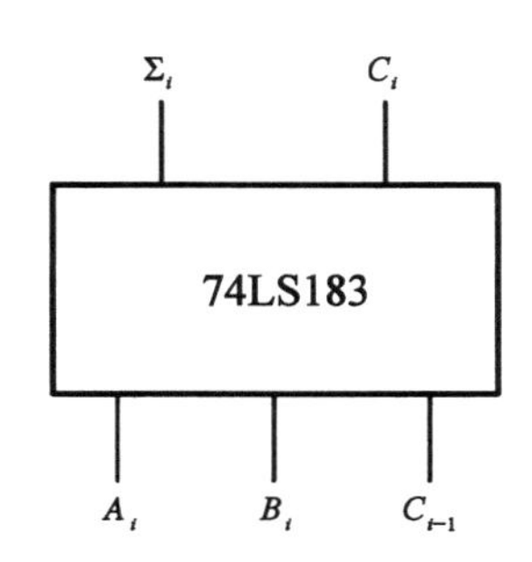

图 9－26　74LS183 逻辑符号

用 74LS183 芯片构成的电路

如图 9－27 所示，在 A、B、C、D、E 端输入不同的逻辑状态，观察并记录输出 F 的相应状态。结果列成真值表的形式，并说明电路实现何种功能。

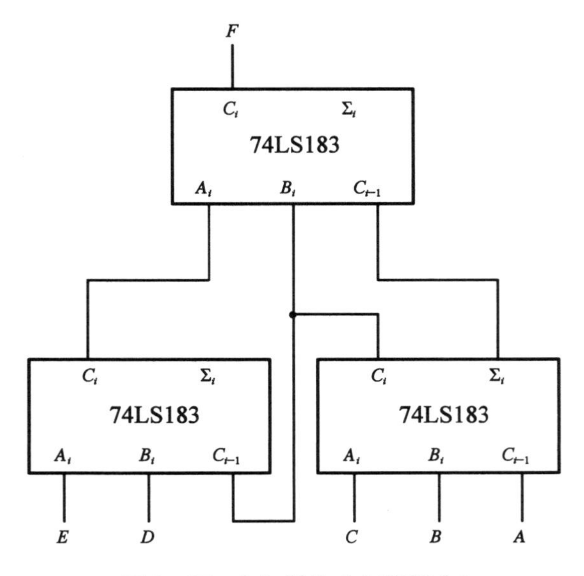

图 9－27　全加器构成电路测试 1

用 74LS183 芯片连接成图 9－28 所示的电路。改变输入的状态，观察并记录输出 Z 的变化。说明该电路实现何种功能。

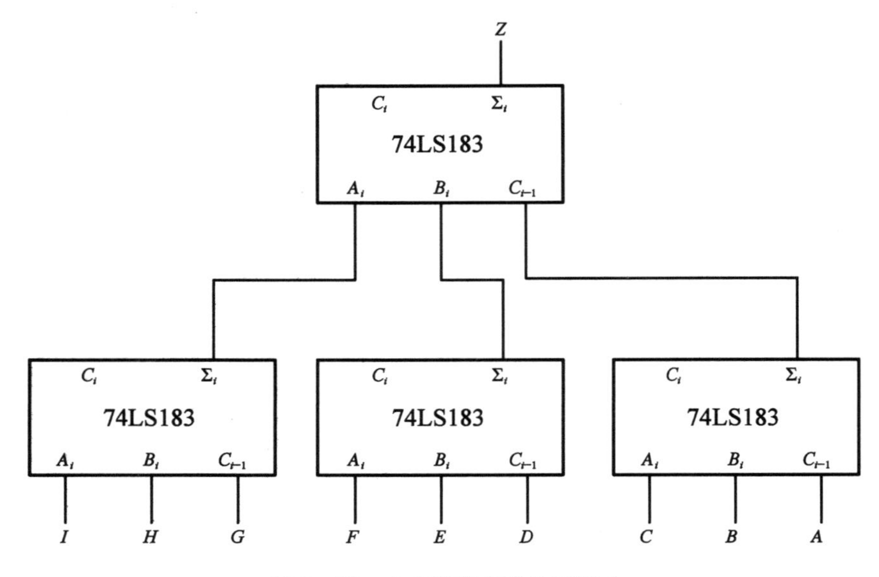

图 9－28　全加器构成电路测试 2

4. 译码器实验

(1) 译码器功能测试：将 74LS139 译码器按图 9－29 接线，按表 9－24 输入电平分别置位，将输出状态填入表中。

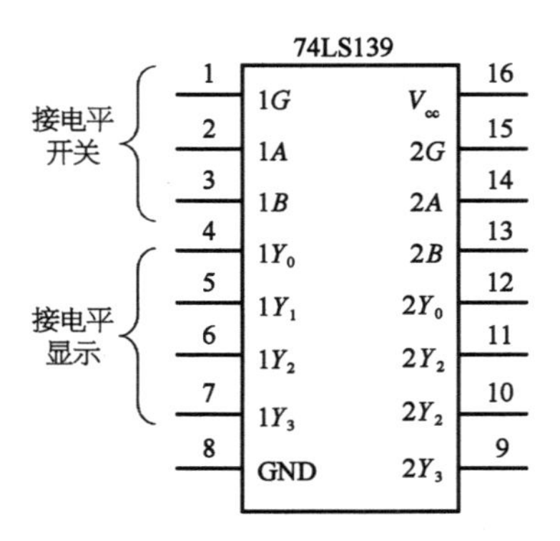

图 9－29　译码器功能测试

表 9-24　译码器功能测试

输入			输出			
使能	选择					
G	B	A	$\bar{Y}_0$	$\bar{Y}_1$	$\bar{Y}_2$	$\bar{Y}_3$
H	×	×				
L	L	L				
L	L	H				
L	H	L				
L	H	H				

（2）将双 2 线-4 线译码器转换为 3 线-8 线译码器：画出转换电路图，接线并验证设计是否正确，设计并填写该 3 线-8 线译码器功能表，画出输入、输出波形。

（3）利用与非门等基本逻辑门电路，设计并搭建 2 线-4 线译码器（即 74LS139 一侧的功能）。绘制电路图，接线并验证设计是否正确，设计并填写逻辑真值表。

5. 数据选择器实验

（1）将双 4 选 1 数据选择器 74LS153 参照图 9-30 接线，测试其功能并填写功能表 9-25。

（2）将实验箱脉冲信号源中固定连续脉冲的 4 个不同频率的信号连接到数据选择器的 4 个输入端，将选择端置位，使输出端可分别观察到 4 种不同频率脉冲信号。

（3）利用与非门等基本逻辑门电路，设计并搭建 4 路数据选择器（即 74LS153 一侧的功能）。绘制电路图，接线并验证设计是否正确，设计并填写逻辑真值表。

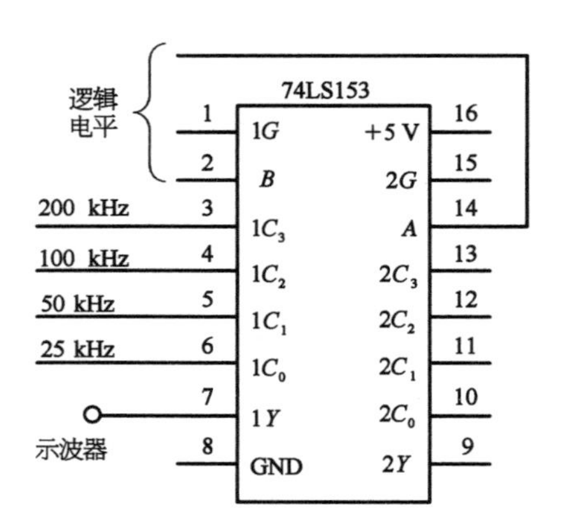

图 9－30　数据选择器功能测试

表 9－25　数据选择器功能测试

选择端		数据输入端				输出控制	输出
B	A	C_0	C_1	C_2	C_3	G	Y
×	×	×	×	×	×	H	
L	L	L	×	×	×	L	
L	L	H	×	×	×	L	
L	H	×	L	×	×	L	
L	H	×	H	×	×	L	
H	L	×	×	L	×	L	
H	L	×	×	H	×	L	
H	H	×	×	×	L	L	
H	H	×	×	×	H	L	

实验总结

（1）按各步骤要求填表并画出逻辑图，整理实验数据和图表，分析讨论实验结果。

(2) 总结组合逻辑电路的分析方法。

(3) 总结译码器和数据选择器的使用体会,思考组合逻辑电路的设计方法是如何体现在具体电路的设计过程中的。

实验思考

(1) 如何判断门电路逻辑功能是否正常?

(2) 与非门的一个输入端接入连续脉冲,其余端处于什么状态时允许脉冲通过,处于什么状态时禁止脉冲通过?

(3) 异或门为什么又被称为可控反相门?

(4) 全加器的含义是什么? 图 9-27 所示的采用 74LS183 芯片实现的电路功能如改用异或门 74LS86 来实现,则电路应怎样连接? 请画出电路图。

(5) 利用数据选择器实现的选通与利用与非门的控制有何不同和联系,两者可以用于数字系统中的什么场合?

(6) 分析实验内容 5 中频率信号的选通和实验内容 2 中利用与非门的控制有何不同和联系,两者可以用于数字系统中的什么场合?

实验十 触发器与时序逻辑

实验目的

(1) 熟悉并掌握 RS、D、JK 触发器的构成、工作原理和功能测试方法。

(2) 了解不同逻辑功能触发器相互转换的方法。

(3) 掌握常用时序电路分析、设计及测试方法。

(4) 熟悉计数器、寄存器的工作原理、逻辑功能和使用方法。

实验原理

1. 触发器

触发器是组成时序逻辑电路中存储部分的基本单元。它具有两个稳定状态,分别称为 0 状态和 1 状态。在任一时刻,触发器只处于一种稳定状态。当接收到触发脉冲时,触发器才由一种稳定状态翻转到另一稳定状态。因此,触发器能存储一位二进制代码 0 或 1。

按照逻辑功能的不同,触发器可分为 RS 触发器、JK 触发器、D 触发器和 T 触发器等。

1) 基本 RS 触发器

基本 RS 触发器有两个输出端 Q 和 $\bar{Q}$,它们的状态总是互补的。当 Q

端为高电平时，称触发器处于1状态；当Q端为低电平时，称触发器处于0状态。该触发器有两个输入端$\bar{R}$和$\bar{S}$，其中$\bar{R}$被称为复位端或置0端，$\bar{S}$被称为置位端或置1端。基本RS触发器的逻辑电路和逻辑符号如图10-1所示。

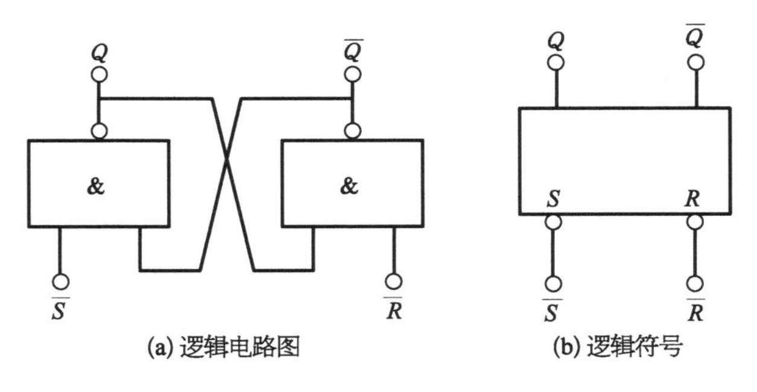

图10-1　基本RS触发器

说明　R、S上方加反号表示低电平有效。方框下方输入端处的小圆圈表示低电平有效。

基本RS触发器的逻辑功能如下：

- 若$\bar{R}=1$、$\bar{S}=1$，则$Q^{n+1}=Q^n$，即触发器保持原来状态不变。
- 若$\bar{R}=0$、$\bar{S}=1$，则$Q^{n+1}=0$，即触发器置为0状态。
- 若$\bar{R}=1$、$\bar{S}=0$，则$Q^{n+1}=1$，即触发器置为1状态。
- 不允许$\bar{R}=0$、$\bar{S}=0$，即触发器处于不定状态。

基本RS触发器的功能可用表10-1所示的功能表描述。

表10-1　基本RS触发器功能表

$\bar{R}$	$\bar{S}$	Q^{n+1}	功能说明
0	0	d	不定
0	1	0	置0
1	0	1	置1
1	1	Q^n	保持

基本 RS 触发器的特性方程为

$$Q^{n+1}=S+\bar{R}Q^{n} \tag{10-1}$$
$$R\cdot S=0（约束条件）$$

2）D 触发器

D 触发器的逻辑符号如图 10－2 所示。在时钟脉冲作用下，D 触发器状态的变化仅取决于输入信号 D，而与触发器现态无关。

D 触发器的逻辑功能如下：

- 若 CP 由 0 变 1 时，$D=0$，则 $Q^{n+1}=0$。
- 若 CP 由 0 变 1 时，$D=1$，则 $Q^{n+1}=1$。

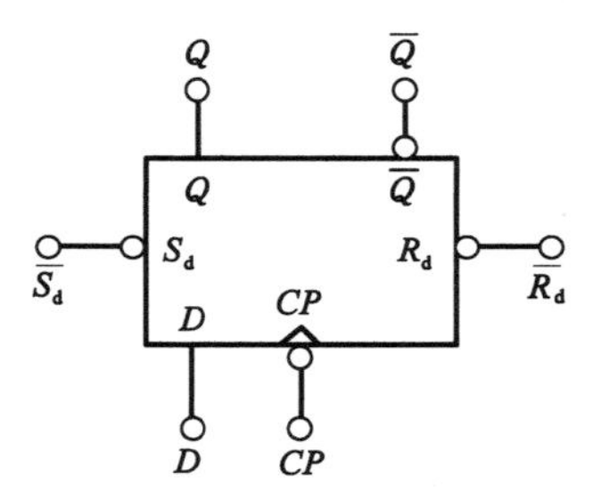

图 10－2　D 触发器逻辑符号

D 触发器的逻辑功能用表 10－2 所示的功能表描述，D 触发器的特性方程为

$$Q^{n+1}=D \tag{10-2}$$

CP 下降沿时刻有效。

表 10－2　D 触发器功能表

D	Q^{n+1}
0	0
1	1

3）JK 触发器

JK 触发器的逻辑符号如图 10－3 所示。

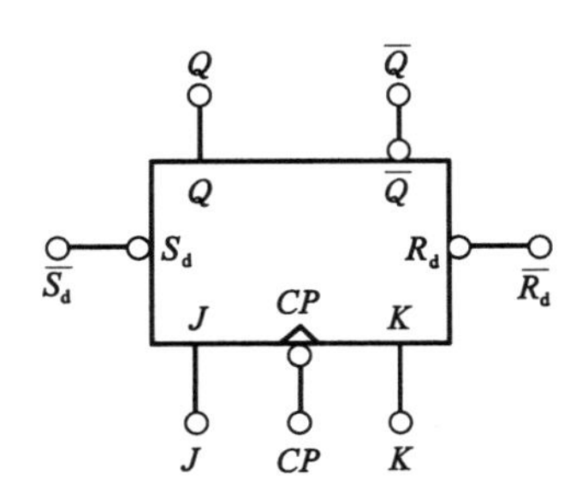

图 10-3　JK 触发器逻辑符号

JK 触发器的逻辑功能如下：

- 若 $J=0$、$K=0$，触发器保持原状态不变，即 $Q^{n+1}=Q^n$。
- 若 $J=1$、$K=0$，CP 下降沿到来，触发器置 1，即 $Q^{n+1}=1$。
- 若 $J=0$、$K=1$，CP 下降沿到来，触发器置 0，即 $Q^{n+1}=0$。
- 若 $J=1$、$K=1$，CP 下降沿到来，触发器翻转，即 $Q^{n+1}=\overline{Q^n}$。

JK 触发器的逻辑功能可用表 10-3 所示的功能表描述。

表 10-3　JK 触发器功能表

J	K	Q	功能说明
0	0	Q^n	不变
0	1	0	置 0
1	0	1	置 1
1	1	$\overline{Q^n}$	翻转

JK 触发器的特性方程为

$$Q^{n+1}=J\overline{Q^n}+\bar{K}Q^n \tag{10-3}$$

4) T 触发器

如果将 JK 触发器的两个输入端 J 和 K 连接起来作为一个输入端 T，就构成了 T 触发器。T 触发器的逻辑符号如图 10-4 所示。

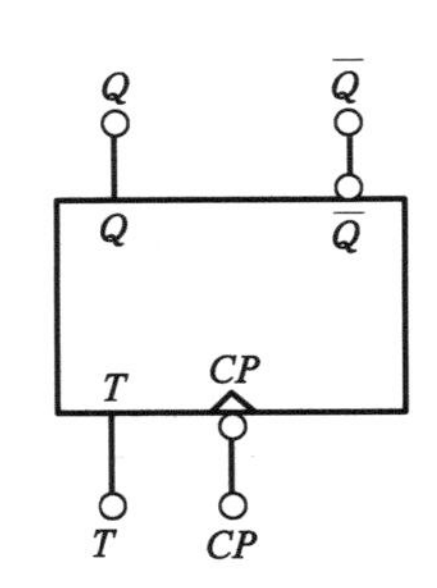

图 10-4　T 触发器逻辑符号

T 触发器的逻辑功能如下：

- 若 $T=0$，触发器保持原状态不变，即 $Q^{n+1}=Q^n$。
- 若 $T=1$，CP 时钟脉冲到来，触发器翻转，即 $Q^{n+1}=\overline{Q^n}$。

T 触发器的逻辑功能用表 10-4 所示的功能表描述。

表 10-4　T 触发器功能表

T	Q^{n+1}	功能说明
0	Q^n	不变
1	$\overline{Q^n}$	翻转

T 触发器的特性方程为

$$Q^{n+1}=T\overline{Q^n}+\bar{T}Q^n \tag{10-4}$$

当 $T=1$ 时，只要时钟脉冲到来，触发器状态就要翻转，构成 T′触发器也叫作计数触发器。

实际实验中使用的是集成触发器芯片，包括双路 JK 型负边沿带置位-复位端触发器 74LS112、双路 JK 型负边沿带复位端触发器 74LS73、双路 D 型正边沿维持-阻塞触发器 74LS74、四路 D 型正边沿维持-阻塞触发器 74LS175，电路芯片的管脚与其中的逻辑功能如图 10-5 所示，实验时根据需要选择其中的触发器连入电路。

2. 时序逻辑电路

时序逻辑电路一般分为两大类：同步时序逻辑电路和异步时序逻辑电

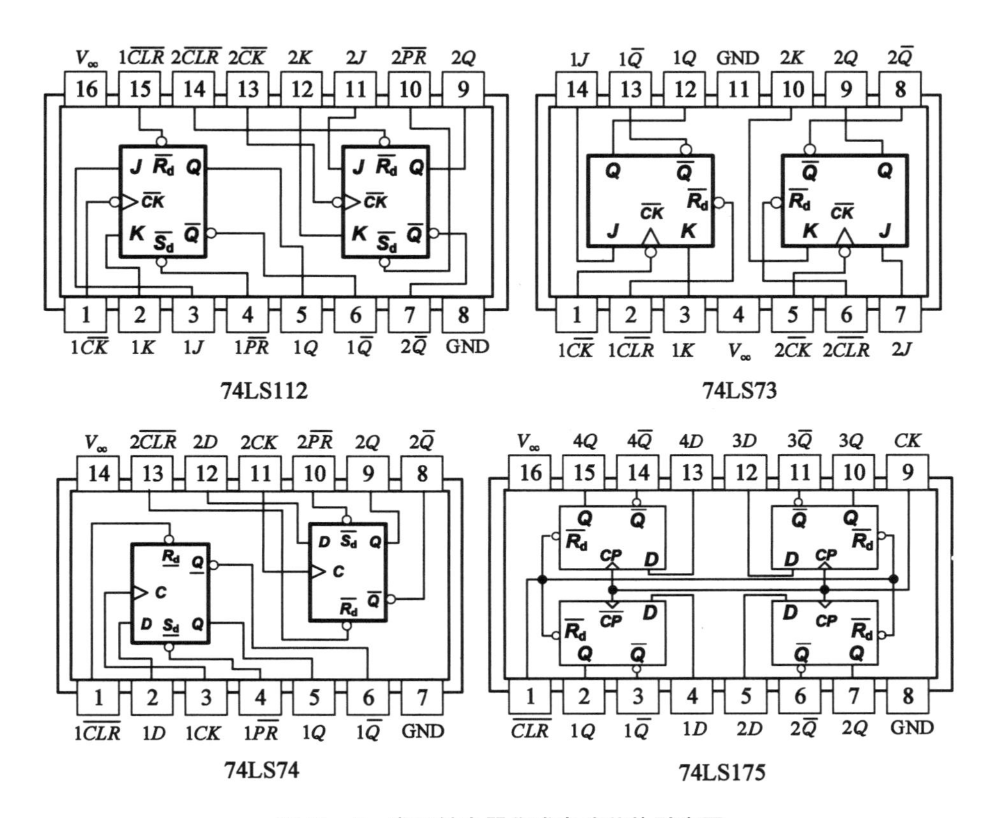

图 10－5　常用触发器集成电路芯片引脚图

路。同步时序逻辑电路的特点是：当电路状态改变时，电路中要更新状态的触发器是同步翻转的。其状态的改变是受同一时钟脉冲控制的。各个触发器的 CP 信号都是输入时钟脉冲。异步时序逻辑电路的特点是：当电路状态改变时，电路中要更新状态的触发器，有的先翻转，有的后翻转，它们是异步进行的。在这种时序电路中，有的触发器的 CP 信号就是输入时钟脉冲，有的则是以其他触发器的输出作为 CP 信号。

3. 计数器

计数器是数字系统中使用最多的时序逻辑器件，它不仅能用于对时钟脉冲进行计数，还可用于分频、定时、产生节拍脉冲和序列脉冲，以及进行数字计算等。

计数器的类型很多，按计数器中触发器翻转是否同步分为同步计数器和异步计数器;按计数时是递增还是递减分为加法计数器、减法计数器和可逆计数器;按计数器中数字的编码方式分为二进制计数器、十进制计数器和任意(N)进制计数器。

如图10-6所示,以3位二进制异步加法计数器为例,说明二进制异步加法计数器的构成方法和连接规律。

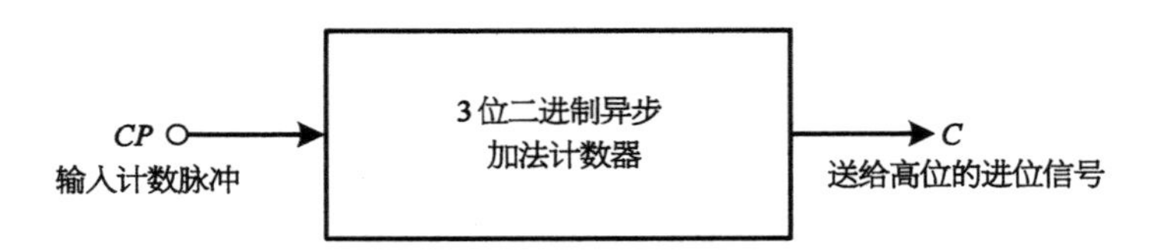

图10-6　3位二进制异步加法计数器示意框图

1) 结构示意图与状态图

根据二进制递增计数的规律,画出状态图,图10-7(a)是3位二进制加法计数器的状态图。

2) 选择触发器,求时钟方程、输出方程和状态方程

选择触发器

选用3个CP时钟脉冲下降沿触发的边沿JK触发器。

求时钟方程

(1) 根据状态图画出时序图,图10-7(b)是3位二进制加法计数器的时序图。

(2) 选择时钟信号。从图10-7所示的时序图可知,应选择$CP_0=CP$、$CP_1=Q_0$、$CP_2=Q_1$。

求输出方程

根据状态图,可以直接得到$C=Q_2^nQ_1^nQ_0^n$。

求状态方程

观察时序图和时钟方程,发现3个时钟触发器均应为T′型,据此可得到状态方程

$$\begin{cases}Q_0^{n+1}=\overline{Q_0^n} & CP\text{ 下降沿时刻有效}\\ Q_1^{n+1}=\overline{Q_1^n} & Q_0\text{ 下降沿时刻有效}\\ Q_2^{n+1}=\overline{Q_2^n} & Q_1\text{ 下降沿时刻有效}\end{cases}\quad(10-5)$$

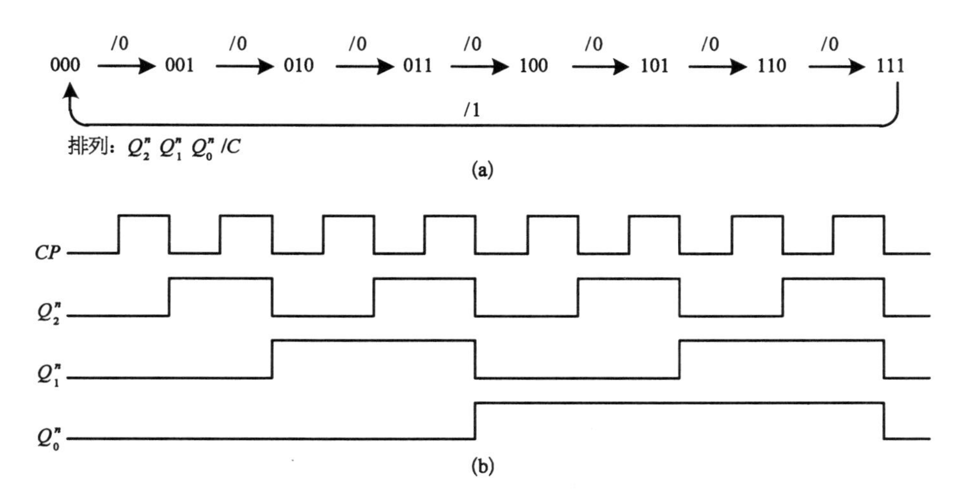

图 10－7　3 位二进制加法计数器的状态图(a)与时序图(b)

3）求驱动方程

由于选用的是时钟脉冲下降沿触发的边沿 JK 触发器，其特性方程为

$$Q^{n+1}=J\overline{Q^n}+\bar{K}Q^n \qquad (10-6)$$

转换成 T′触发器（即 $J=K=1$），同时变换状态方程形式为

$$Q^{n+1}=1\cdot\overline{Q^n}+\bar{1}\cdot Q^n$$

比较状态方程与特性方程，即可得到驱动方程

$$\begin{cases}J_0=K_0=1\\J_1=K_1=1\\J_2=K_2=1\end{cases} \qquad (10-7)$$

4）画逻辑电路图

从电路结构看，二进制异步加法计数器使用的单元电路是 T′触发器；从连接规律看，高位触发器的时钟信号来自低位触发器的输出。图 10－8 是 3 位二进制异步加法计数器的逻辑电路图。

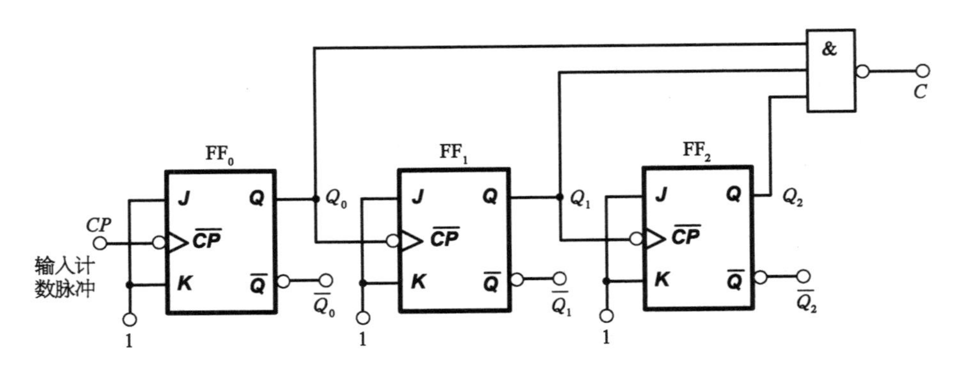

图 10－8　3 位二进制异步加法计数器逻辑电路图

4. 寄存器

寄存器是数字系统中用来存放数据或运算结果的一种常用时序逻辑器件，它除了具有接收、保存和传递数据等基本功能外，通常还具有左移位或右移位、串行或并行输入、串行或并行输出，以及预置和清零等多种功能，从而构成多功能寄存器。

1）基本寄存器

数据或代码只能并行送入寄存器中，需要时也只能并行输出。存储单元用基本触发器、同步触发器、主从触发器或边沿触发器均可。

74LS175 是由 4 个边沿 D 触发器构成的中规模集成电路，具有清零和数码寄存功能。74LS175 的逻辑电路如图 10－9 所示。

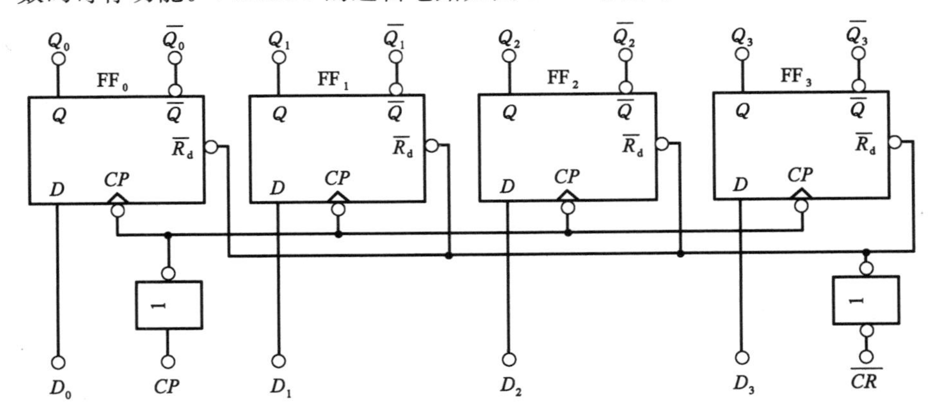

图 10－9　74LS175 逻辑电路图

$D_0 \sim D_3$是并行数码输入端，$\overline{CR}$ 是清零端，CP 是控制时钟脉冲端，$Q_0 \sim Q_3$是并行数码输出端。

其逻辑功能如下：

• 异步清零：无论寄存器中各触发器的现态如何，只要在 $\overline{CR}$ 端加负脉冲($\overline{CR}=1$)，各触发器都置为 0 态。

• 送数：当 $\overline{CR}=1$ 时，只要送数控制时钟脉冲 CP 上升沿到来，加在并行数码输入端的数码 $d_0 \sim d_3$，马上就被送入到寄存器中，即

$$\begin{cases} Q_0^{n+1}=d_0 \\ Q_1^{n+1}=d_1 \end{cases} \quad CP\text{ 上升沿时刻有效} \qquad (10-8)$$
$$\begin{cases} Q_2^{n+1}=d_2 \\ Q_3^{n+1}=d_3 \end{cases}$$

• 保持：当 $\overline{CR}=1$，且无 CP 上升沿作用时，寄存器保持所存数码不变。即各个输出端 Q、$\bar{Q}$ 的状态与输入数码 d 无关。

74LS175 的逻辑功能用表 10－5 所示的功能表描述。

表 10－5　74LS175 逻辑功能表

输　入						输　出				备注
$\overline{CR}$	CP	D_0	D_1	D_2	D_3	Q_0^{n+1}	Q_1^{n+1}	Q_2^{n+1}	Q_3^{n+1}	
0	×	×	×	×	×	0	0	0	0	清零
1	↑	d_0	d_1	d_2	d_3	d_0	d_1	d_2	d_3	送数

2）移位寄存器

存储在寄存器中的数据或代码，在移动脉冲的操作下，可以依次逐位右移或左移，而数据或代码，既可以并行输入、并行输出，也可以串行输入、串行输出，还可以并行输入、串行输出或串行输入、并行输出。存储单元只能用主从触发器或边沿触发器。

如图 10－10 所示，74LS194 是由 4 个 RS 触发器和控制电路组成的集成移位寄存器。具有串行或并行输入、串行或并行输出、左移位、右移位和异

步清零等功能。

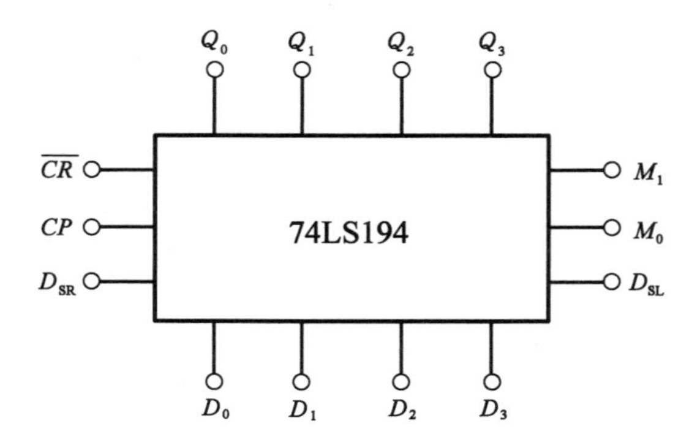

图 10-10　74LS194 逻辑功能示意图

$\overline{CR}$ 是清零端，M_0、M_1是工作状态控制端，D_{SR}和 D_{SL}分别为右移和左移串行数码输入端，$D_0 \sim D_3$是并行数码输入端，$Q_0 \sim Q_3$是并行数码输出端，CP 是时钟脉冲(移位操作信号)。

其逻辑功能如下：

- 异步清零：当 $\overline{CR}=0$ 时，寄存器清零。
- 保持：当 $\overline{CR}=1$、$CP=0$ 或 $M_1=M_0=0$ 时，寄存器保持原状态不变。
- 并行送数：当 $\overline{CR}=1$、$M_1=M_0=1$ 时，CP 上升沿可将加在并行输入端 $D_0 \sim D_3$的数码 $d_0 \sim d_3$送入寄存器中。
- 右移串行送数：当 $\overline{CR}=1$、$M_1=0$、$M_0=1$ 时，在 CP 上升沿的操作下，可依次把加在 D_{SR}端的数码从时钟触发器 FF_0 串行送入寄存器中。
- 左移串行送数：当 $\overline{CR}=1$、$M_1=1$、$M_0=0$ 时，在 CP 上升沿的操作下，可依次把加在 D_{SL}端的数码从时钟触发器 FF_3 串行送入寄存器中。

74LS194 的逻辑功能用表 10-6 所示的功能表描述。

表 10－6　74LS194 逻辑功能表

输入										输出				备注
$\overline{CR}$	M_1	M_2	D_{SR}	D_{SL}	CP	D_0	D_1	D_2	D_3	Q_0^{n+1}	Q_1^{n+1}	Q_2^{n+1}	Q_3^{n+1}	
0	×	×	×	×	×	×	×	×	×	0	0	0	0	清零
1	×	×	×	×	0	×	×	×	×	Q_0^n	Q_1^n	Q_2^n	Q_3^n	保持
1	1	1	×	×	↑	d_0	d_1	d_2	d_3	d_0	d_1	d_2	d_3	并行输入
1	0	1	1	×	↑	×	×	×	×	1	Q_0^n	Q_1^n	Q_2^n	右移输入 1
1	0	1	0	×	↑	×	×	×	×	0	Q_0^n	Q_1^n	Q_2^n	右移输入 0
1	1	0	×	1	↑	×	×	×	×	Q_1^n	Q_2^n	Q_3^n	1	左移输入 1
1	1	0	×	0	↑	×	×	×	×	Q_1^n	Q_2^n	Q_3^n	0	左移输入 0
1	0	0	×	×	×	×	×	×	×	Q_0^n	Q_1^n	Q_2^n	Q_3^n	保持

实验内容

1. 触发器基本功能测试

1）基本 RS 触发器功能测试

两个 TTL 与非门首尾相接构成的基本 RS 触发器电路，如图 10－11 所示。

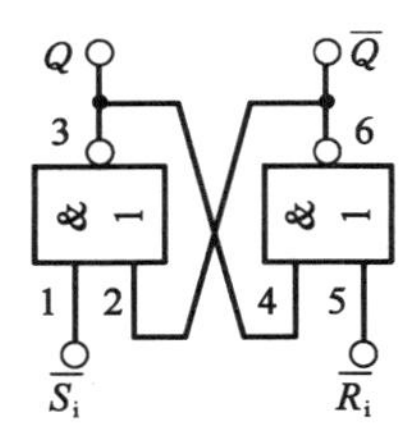

图 10－11　基本 RS 触发器电路

(1) 试按下面的顺序在 $\bar{S}_d$ 端、$\bar{R}_d$ 端加信号：

- $\bar{S}_d=0$，$\bar{R}_d=1$
- $\bar{S}_d=1$，$\bar{R}_d=1$
- $\bar{S}_d=1$，$\bar{R}_d=0$
- $\bar{S}_d=1$，$\bar{R}_d=1$

观察并记录触发器 Q 端、$\bar{Q}$ 端的状态，将结果填入表 10－7 中，并说明在上述各种输入状态下触发器执行的是什么功能。

表 10－7　RS 触发器功能测试

$\bar{S}_d$	$\bar{R}_d$	Q	$\bar{Q}$	逻辑功能
0	1			
1	1			
1	0			
1	1			

(2) 当 $\bar{S}_d$ 端、$\bar{R}_d$ 端都接低电平时，观察 Q 端、$\bar{Q}$ 端的状态。当 $\bar{S}_d$ 端、$\bar{R}_d$ 端由低电平跳为高电平时(按表 10－7 中跳变先后要求)，注意观察 Q 端、$\bar{Q}$ 端的状态，重复 6 次看 Q 端、$\bar{Q}$ 端的状态是否相同，以正确理解“不定”状态的含义。

(3) $\bar{S}_d$ 端接低电平，$\bar{R}_d$ 端输入脉冲 ($V_{pp}=5$ V，2.5 V 偏置，1 kHz 方波脉冲)。

(4) $\bar{S}_d$ 端接高电平，$\bar{R}_d$ 端输入脉冲 ($V_{pp}=5$ V，2.5 V 偏置，1 kHz 方波脉冲)。

(5) 连接 $\bar{R}_d$、$\bar{S}_d$ 并输入脉冲 ($V_{pp}=5$ V，2.5 V 偏置，1 kHz 方波脉冲)。

记录并观察(3)、(4)、(5) 3 种情况下，输入脉冲后 Q 端、$\bar{Q}$ 端的波形。从中总结出基本 RS 触发器的 Q 端或 $\bar{Q}$ 端的状态改变与输入端 $\bar{S}_d$ 端、$\bar{R}_d$ 端的关系。

2) 维持-阻塞 D 触发器功能测试

双路 D 型正边沿维持-阻塞触发器 74LS74 的逻辑符号如图 10－12 所

示。图中 $\bar{S}_d$ 端、$\bar{R}_d$ 端为异步置 1 端和置 0 端(或称异步置位端和复位端)。CP 为时钟脉冲端。

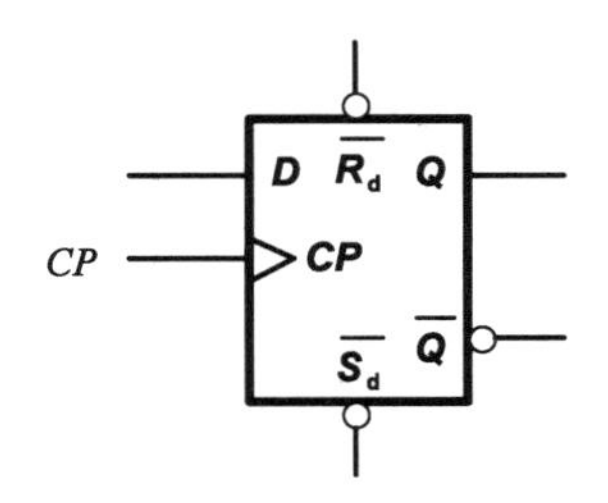

图 10－12 D 触发器逻辑符号

试按照以下步骤进行实验：

(1) 分别在 $\bar{S}_d$ 端、$\bar{R}_d$ 端加低电平,观察并记录 Q 端、$\bar{Q}$ 端的状态。

(2) 令 $\bar{S}_d$ 端、$\bar{R}_d$ 端为高电平,D 端分别接高电平和低电平,用单脉冲作为 CP,观察并记录当 CP 端为 0、↑、1、↓ 时 Q 端状态的变化。

(3) 当 $\bar{S}_d=\bar{R}_d=1$、$CP=0$(或 $CP=1$) 时,改变 D 端信号,观察 Q 端的状态是否变化。整理上述实验数据,将结果填入表 10－8 中。

(4) 令 $\bar{S}_d=\bar{R}_d=1$,将 D 端和 $\bar{Q}$ 端相连,CP 端加连续脉冲 ($V_{pp}=5$ V,2.5 V 偏置,1 kHz 方波脉冲),用双踪示波器观察并记录 Q 端相对于 CP 的波形。

表 10－8 D 触发器功能测试

$\bar{S}_d$	$\bar{R}_d$	CP	D	Q^n	Q^{n+1}
0	1	×	×	0	
				1	
1	0	×	×	0	
				1	
1	1	↑	0	0	
				1	

（续表）

$\bar{S}_d$	$\bar{R}_d$	CP	D	Q^n	Q^{n+1}
1	1	↑	1	0	
				1	
1	1	↓	0	0	
				1	
1	1	↓	1	0	
				1	

3）负边沿 JK 触发器功能测试

双路 JK 负边沿触发器 74LS112 芯片的逻辑符号如图 10－13 所示。

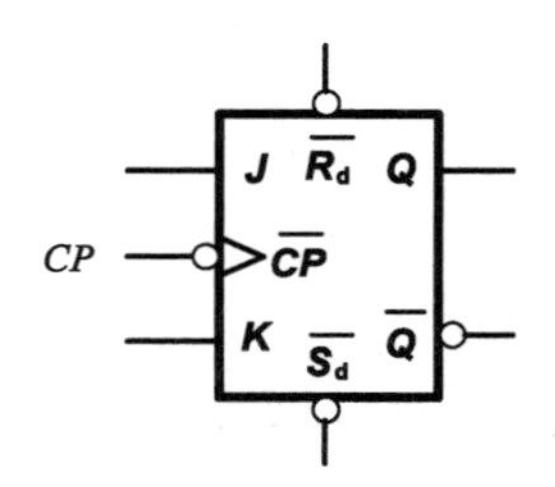

图 10－13　JK 触发器逻辑符号

自拟实验步骤，测试其功能，并将结果填入表 10－9 中。令 $J=K=1$、$\bar{S}_d=\bar{R}_d=1$ 时，CP 端加连续脉冲（$V_{pp}=5$ V，2.5 V 偏置，1 kHz 方波脉冲），用双踪示波器观察 $Q\sim CP$ 端的波形，这与 D 触发器的 D 端和 Q 端相连时观察到的 Q 端波形相比有何异同点？

表 10－9　JK 触发器功能测试

$\bar{S}_d$	$\bar{R}_d$	CP	J	K	Q^n	Q^{n+1}
0	1	×	×	×	×	
1	0	×	×	×	×	

（续表）

$\bar{S}_d$	$\bar{R}_d$	CP	J	K	Q^n	Q^{n+1}
1	1	↓	0	×	0	
1	1	↓	1	×	0	
1	1	↓	×	0	1	
1	1	↓	×	1	1	

4）触发器功能转换

（1）分别将 D 触发器和 JK 触发器转换成 T′触发器，列出表达式，画出实验电路图。

（2）接入连续脉冲，观察并画出各触发器 CP 端和 Q 端波形。比较两者关系。

2. 计数器实验

1）异步二进制计数器

（1）按图 10－14 接线。

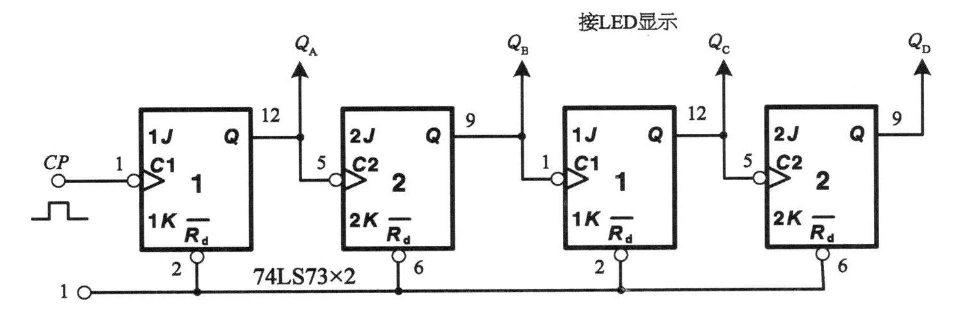

图 10－14　异步二进制计数器测试

（2）在 CP 端输入单脉冲，测试并记录 Q_A～Q_D端的状态及波形。

（3）试将异步二进制加法计数改为减法计数，参考加法计数器要求进行实验并记录。

2）异步二-十进制加法计数器

（1）按图 10－15 接线。Q_A、Q_B、Q_C、Q_D 4 个输出端分别接发光二极管显示，CP 端接连续脉冲或单脉冲。

（2）在 CP 端接连续脉冲，观察 CP、Q_A、Q_B、Q_C及 Q_D的波形。

（3）画出 CP、Q_A、Q_B、Q_C及 Q_D的波形。

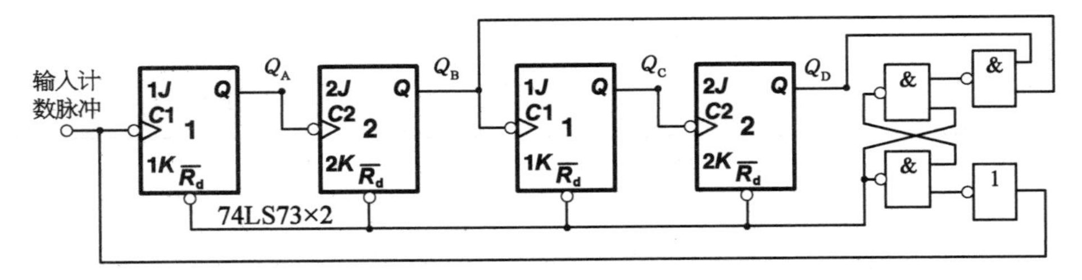

图 10－15　异步二-十进制计数器测试

3）自循环移位寄存器——环形计数器

（1）按图 10－16 接线，将 A、B、C、D 置为 1 000，用单脉冲计数，记录各触发器状态，并列出状态表。

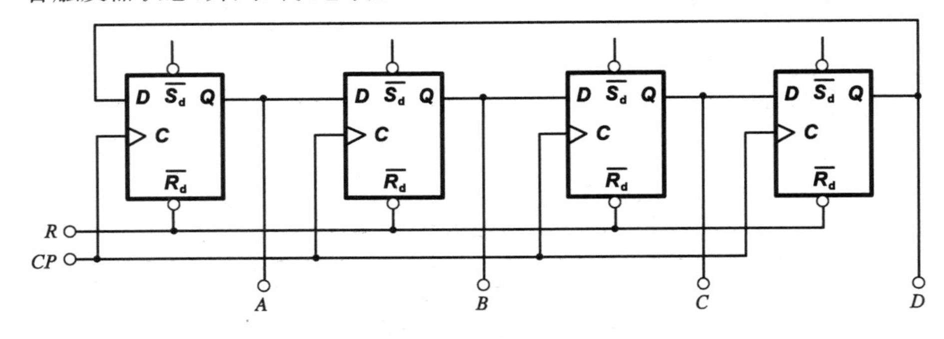

图 10－16　环形计数器测试

改为连续脉冲计数，并将其中一个状态为 0 的触发器置为 1（模拟干扰信号作用的结果）。观察计数器能否正常工作，并分析原因。

（2）按图 10－17 接线，选用 3 输入端三与非门 74LS10 重复上述（1），对比两次实验结果，总结关于自启动的心得体会。

4）集成计数器 74LS90 功能测试

74LS90 是二-五-十进制异步计数器。逻辑简图如图 10－18 所示。

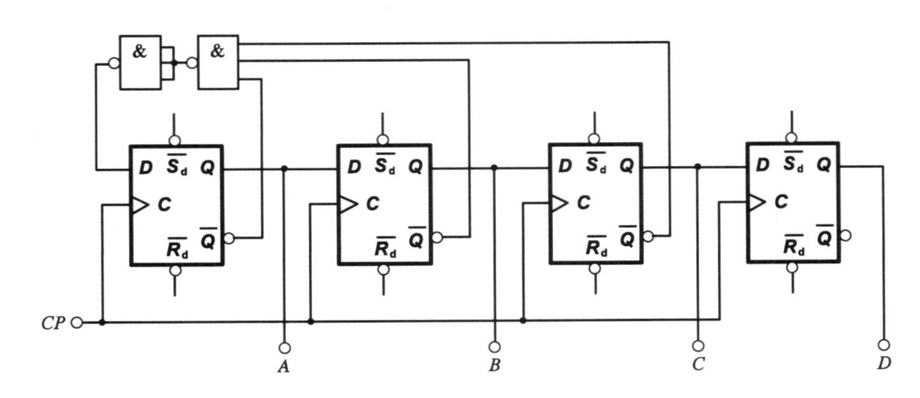

图 10-17　自启动环形计数器测试

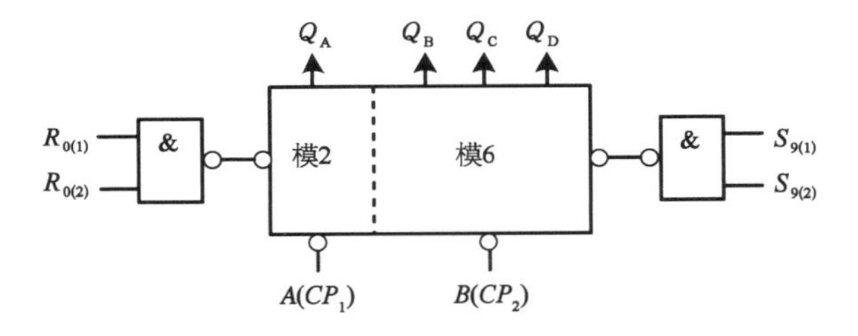

图 10-18　74LS90 逻辑图

74LS90 具有下述功能：

- 直接置 0($R_{0(1)} \cdot R_{0(2)}=1$)，直接置 9($S_{9(1)} \cdot S_{9(2)}=1$)。
- 二进制计数(CP_1输入，Q_A输出)。
- 五进制计数(CP_2输入，Q_D、Q_C、Q_B输出)。
- 十进制计数[两种接法如图 10-19(a)、(b)所示]。

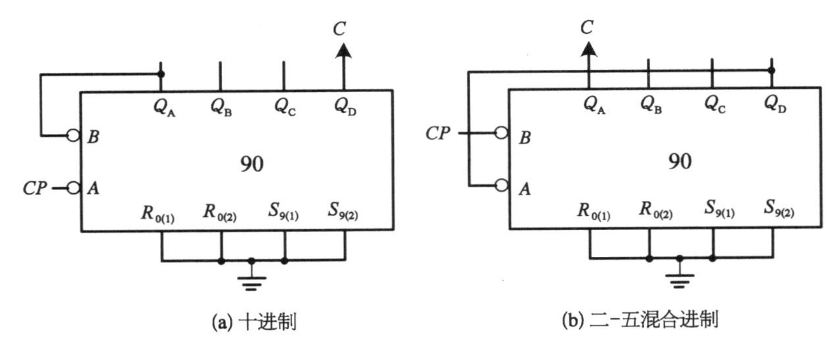

图 10-19　十进制计数器

按芯片引脚图分别测试上述功能，并填入表 10－10、表 10－11、表 10－12 中。

表 10－10　74LS90 集成计数器功能测试

$R_{0(1)}$	$R_{0(2)}$	$S_{9(1)}$	$S_{9(2)}$	输出 $Q_D Q_C Q_B Q_A$
H	H	L	×	
H	H	×	L	
×	×	H	H	
×	L	×	L	
L	×	L	×	
L	×	×	L	
×	L	L	×	

表 10－11　74LS90 集成计数器二-五混合进制测试

计　数	输　出			
	Q_A	Q_D	Q_C	Q_B
0				
1				
2				
3				
4				
5				
6				
7				
8				
9				

表 10－12　74LS90 集成计数器十进制测试

计　数	输　　出			
	Q_D	Q_C	Q_B	Q_A
0				
1				
2				
3				
4				
5				
6				
7				
8				
9				

3. 寄存器实验

1）8D 型锁存器功能测试

图 10－20 所示的 8D 型锁存器 74LS373 芯片的逻辑符号。

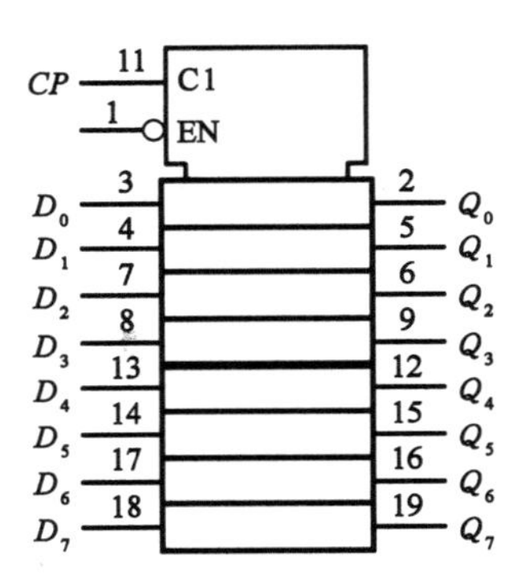

图 10－20　74LS373 逻辑符号

芯片具有下述性能：

- 内部具有 8 个锁存触发器。
- 三态输出。
- 脉冲输入端采用具有施密特特性的门电路，以减少噪声干扰。
- 能并行输入、输出 8 位二进制数据。

完成芯片的接线，测试其功能，将结果列成功能表的形式。

2）8D 型锁存器的应用电路

图 10－21 所示电路为 8D 型锁存器 74LS373 芯片构成的双向总线驱动器。

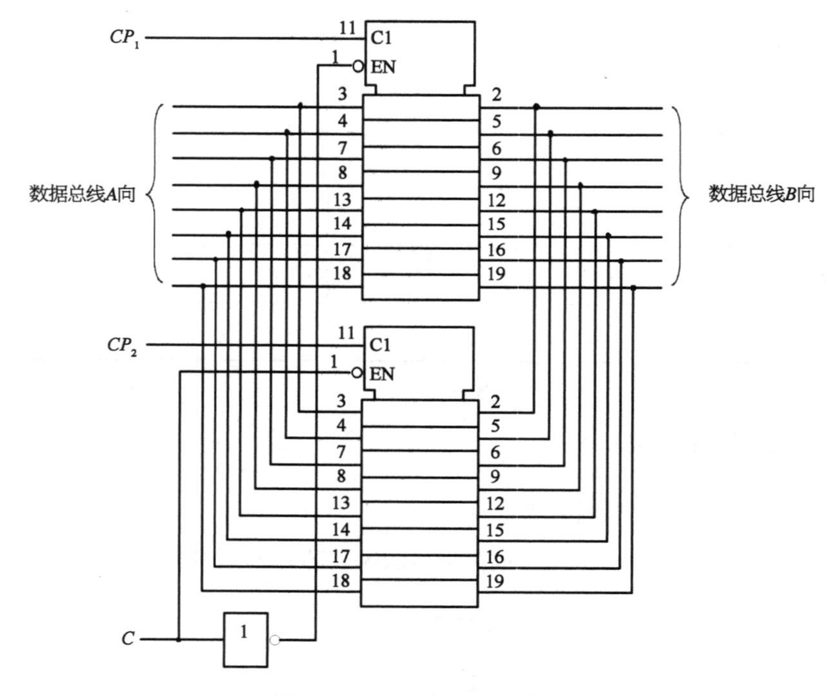

图 10－21　双向总线驱动器

由图可知，当 $C=1$ 时，在 CP_1 作用下，数据自 A 向 B 方向传送；而 $C=0$ 时，在 CP_2 的作用下，数据自 B 向 A 传送，从而通过控制 C 的状态和 CP_1、CP_2 脉冲的作用时刻实现数据的双向传送。两芯片的使能端 E 也可单独控制，当 E 端都为 1 时，数据总线 A 向、B 向均被切断。

完成电路的接线，验证电路的功能。

3）移位寄存器功能测试

4 位双向移位寄存器 74LS194 芯片的逻辑符号如图 10－22 所示。

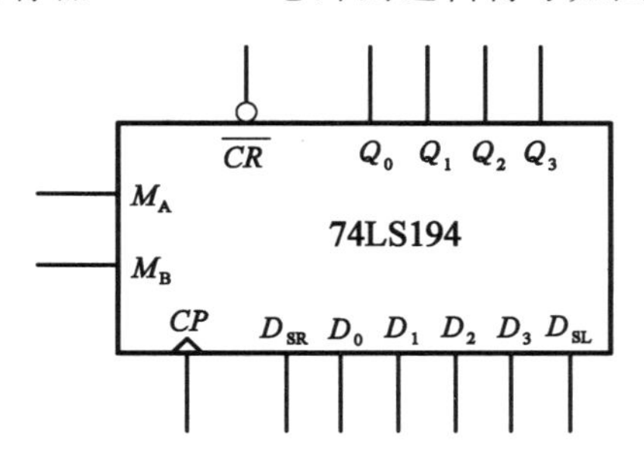

图 10－22　74LS194 逻辑符号

芯片具有下述性能：

• 具有 4 位串入、并入与并出结构。

• 脉冲上升沿触发，可完成同步并入、串入左移位、串入右移位和保持等 4 种功能。

• 有直接清零端 $\overline{CR}$。

图中 $D_0 \sim D_3$ 为并行输入端，$Q_0 \sim Q_3$ 为并行输出端；D_{SR}、D_{SL} 为右移、左移串行输入端；$\overline{CR}$ 为清零端；M_B、M_A 为方式控制，作用如下：

• $M_B M_A = 00$　　保持

• $M_B M_A = 01$　　右移操作

• $M_B M_A = 10$　　左移操作

• $M_B M_A = 11$　　并行送数

熟悉各引脚的功能，完成芯片的接线，测试 74LS194 的功能，并将结果填入表 10－13 中。

表 10－13　74LS194 锁存器功能测试

$\overline{CR}$	M_B	M_A	CP	D_{SR}	D_{SL}	D_1	D_2	D_3	D_4	$Q_0Q_1Q_2Q_3$
0	×	×	×	×	×	×	×	×	×	
1	×	×	0	×	×	×	×	×	×	

(续表)

$\overline{CR}$	M_B	M_A	CP	D_{SR}	D_{SL}	D_1	D_2	D_3	D_4	$Q_0Q_1Q_2Q_3$
1	1	1	↑	×	×	d_0	d_1	d_2	d_3	
1	0	1	↑	1	×	×	×	×	×	
1	0	1	↑	0	×	×	×	×	×	
1	1	0	↑	×	1	×	×	×	×	
1	1	0	↑	×	0	×	×	×	×	
1	0	0	×	×	×	×	×	×	×	

4）移位寄存器的应用

74LS194 芯片构成 8 位移位寄存器

用两片 74LS194 芯片构成的 8 位移位寄存器电路如图 10－23 所示。

当 M_BM_A 的取值分别为 00、01、10、11 时逐一检测电路的功能，结果以功能表的形式列出。

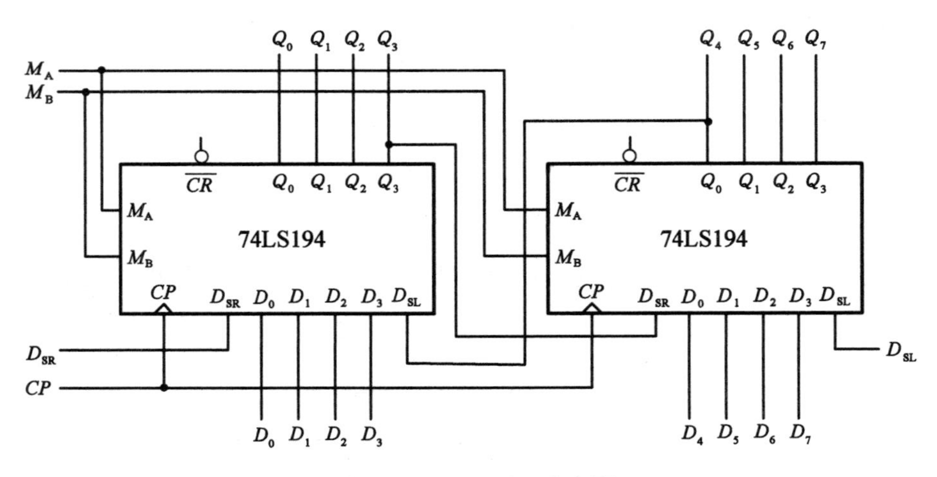

图 10－23　8 位移位寄存器

74LS194 芯片构成 8 位串行-并行转换电路

电路如图 10－24 所示。图中 74LS194(1)、(2)和 D 触发器实现 8 位串行-并行转换，74LS194(3)、(4)作为数据寄存。电路的输出 $Q_0 \sim Q_7$ 接 8 位发光二极管显示状态。

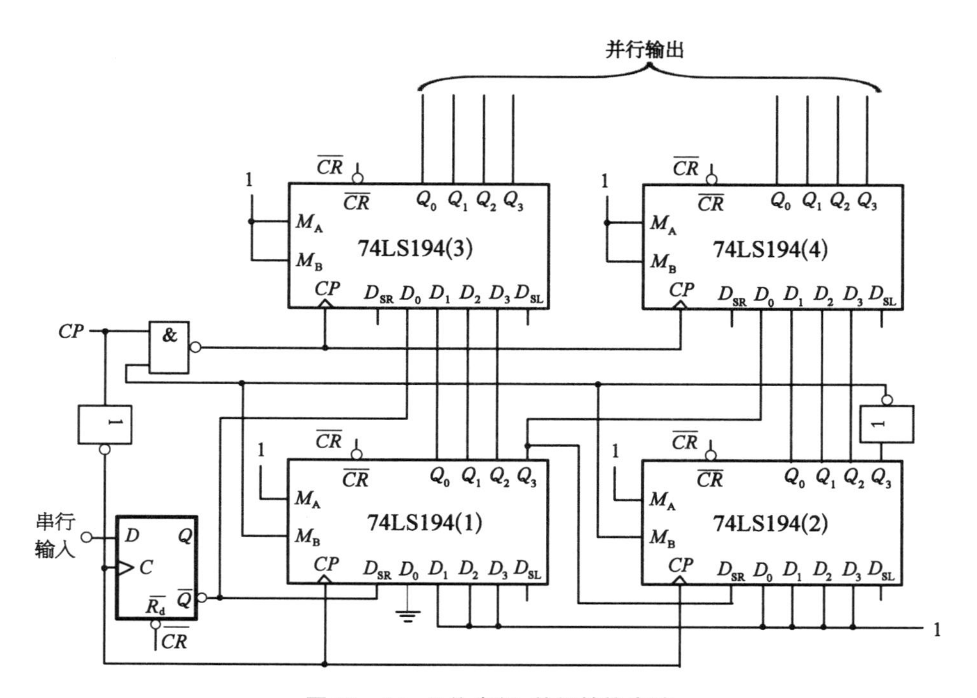

图 10－24　8 位串行-并行转换电路

选择下列几组串行数码输入，观察并记录电路的输出状态：

- 10011，0011
- 00011，1011
- 11101，1010
- 10101，1000

实验总结

(1) 整理实验数据填入表中，并画出实验内容要求的波形。

(2) 总结各类触发器的特点。

(3) 总结各类时序电路的特点。

实验十一 多谐振荡器及单稳态触发器

实验目的

(1) 熟悉多谐振荡器的电路特点及振荡频率的估算方法。

(2) 掌握单稳态触发器的使用。

实验原理

1. 带有 *RC* 电路的环形多谐振荡器

图 11-1 是带有 RC 电路的环形多谐振荡器，它由 3 个与非门(门$_1$、门$_2$、门$_3$)组成，RC 是定时元件。与非门门$_4$用于对输出脉冲整形。

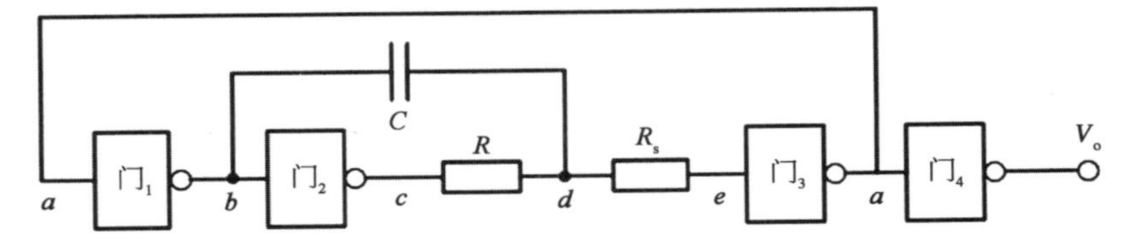

图 11-1 带有 *RC* 电路的环形振荡器

图 11-1 所示电路没有稳态，为了说明这个问题，我们假定 a 点稳定在低电平，那么经过门$_1$和门$_2$后，c 点为稳定的低电平。由于 R 和 R_s 数值较小，因此 e 点电平仍低于与非门的阈值电压，从而迫使门$_3$输出高电平。可见

a 点不可能稳定在低电平。同理可以证明 a 点不可能稳定在高电平。也就是说，此电路一定要产生振荡。

现在对照波形图 11－2 说明其振荡过程。当 a 点跳变到高电平 V_H 时，b 点将立即跳变到低电平 V_L，c 点也随之跳变到高电平 V_H。但是，电容 C 上的电压不能突变，所以 d 点必然随 b 点一起产生负跳变。然后 c 点的高电平开始通过电阻 R 向电容 C 充电，使 d 点逐渐升高。当 d 点升高到阈值电压 V_T 时，门$_3$导通，使 $a=V_L$。由于 a 点跳变到 V_L，于是 b 点跳变到 V_H，c 点跳变到 V_L。同样 d 点要跟随 b 点一起产生正跳变，然后，再随着电容 C 的放电而逐渐下降。当 d 点降低到 V_T 时，门$_3$截止，使 $a=V_H$，于是又开始前面讲过的第一个过程。如此继续下去，电路将不停振荡。门$_3$输出的波形经门$_4$整形后便得到一个很好的振荡波形。

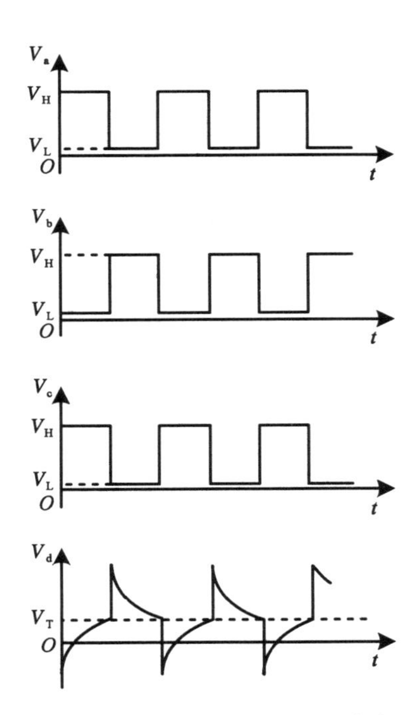

图 11－2　带 *RC* 电路的环形振荡器各点电压的波形

此电路的振荡频率可由下式估算

$$T=2.2RC,\ f=\frac{1}{T} \tag{11-1}$$

2. 微分型单稳态电路

图 11－3 是微分型单稳电路，图 11－3 中从门$_1$到门$_2$采用 RC 微分电路耦合，从门$_2$到门$_1$则采用直接耦合，R_iC_i是输入微分电路。

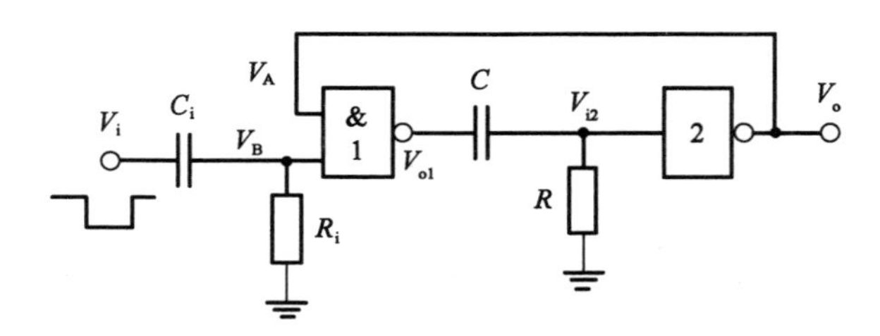

图 11－3　微分型单稳态电路

静态时门$_2$截止、门$_1$导通，电路处于稳定状态。当负的触发脉冲输入时，经微分后加到门$_1$的输入端 B，使 V_B下降，从而引起下列正反馈过程

$$V_B\downarrow\ \rightarrow V_{o1}\uparrow\ \rightarrow V_{i2}\uparrow\ \rightarrow V_o(V_A)\downarrow$$

因而门$_2$导通、门$_1$截止，电路进入暂稳状态。在这期间里，电容 C 充电。随着充电电流减小，V_{i2}逐渐下降，当 $V_{i2}=V_T$ 时，门$_2$开始截止，又产生下面正反馈过程

$$V_{i2}\downarrow\ \rightarrow V_o(V_A)\uparrow\ \rightarrow V_{o1}\downarrow$$

使门$_2$迅速截止，门$_1$迅速导通，电路返回到稳定状态。于是，在输出端 V_o得到了一个具有固定宽度的输出脉冲。

同时电容 C 又通过门$_1$导通时的输出电阻逐渐放电至稳定值。电路各点波形如图 11－4 所示。

通过以上分析可以看出，输出脉冲宽度 T_w取决于电容 C 的充电时间，可由下式估算

$$T_w=0.7\ (R+R_0)\ C \tag{11－2}$$

其中 R_0为门$_1$电路输出高电平时的输出电阻。

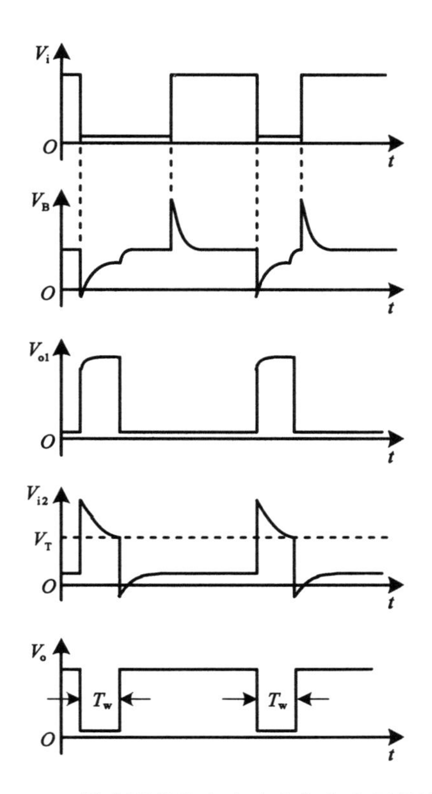

图 11 - 4　微分型单稳态电路中各点电压的波形

3. 积分型单稳态电路

积分型单稳态电路如图 11 - 5 所示。其中门$_1$和门$_2$之间接有 RC 积分延时环节，输入信号同时加到门$_1$和门$_2$的输入端。

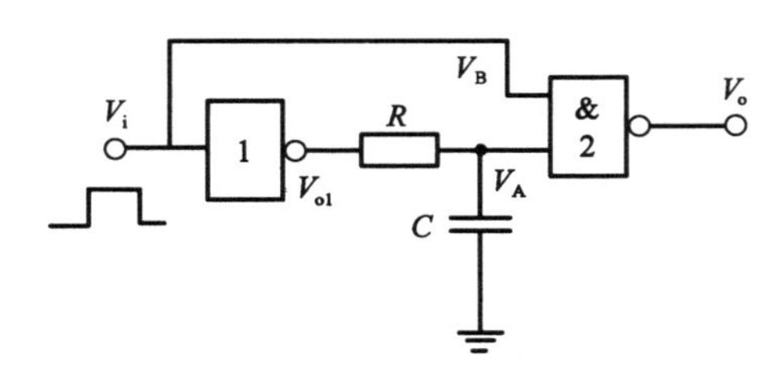

图 11 - 5　积分型单稳态电路

静态时门$_1$、门$_2$都处于截止状态，故 V_{o1}、V_{o2}、V_A均为高电平，电路处于稳定状态。当输入一个正的触发脉冲信号时，V_i跳变到高电平，于是门$_1$导通，V_{o1}变成低电平。由于电容 C 两端的电压不能突变，所以 V_A 仍保持高电平。而 V_B已变为高电平，故门$_2$导通，V_{o2}变成低电平，电路进入暂稳状态，电容 C 经过门$_1$的输出电阻开始放电。随着电容的放电，V_A逐渐下降。当 V_A 下降到 V_T时，门$_2$开始截止，V_{o2}回到高电平。待 V_i跳回到低电平后，门$_1$又重新截止，V_{o1}变到高电平，电容 C 又开始充电，使 V_A回到高电平，电路恢复稳定状态。图 11－6 为电路中各点的电压波形。

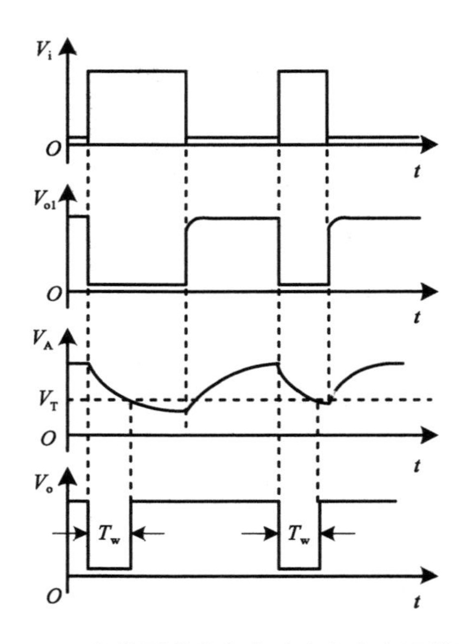

图 11－6　积分型单稳态电路中各点电压的波形

显然输出脉冲宽度 T_w将取决于电容 C 的放电时间，可由下式估算

$$T_w = 1.1RC \tag{11-3}$$

实验内容

1. 多谐振荡器

(1) 由 74LS00 非门构成多谐振荡器，电路取值一般应满足 $R_1 = 2R_2 \sim$

$10R_2$，周期 $T \approx 2.2R_2C$。按图 11－7 连接，并测试频率范围。若 C 不变，要想输出频率为 1 kHz 的波形，计算 R_2 的值并验证，分析误差。若要实现 10 kHz～100 kHz 的频率，选用上述电路并自行设计参数，接线进行实验并测试。

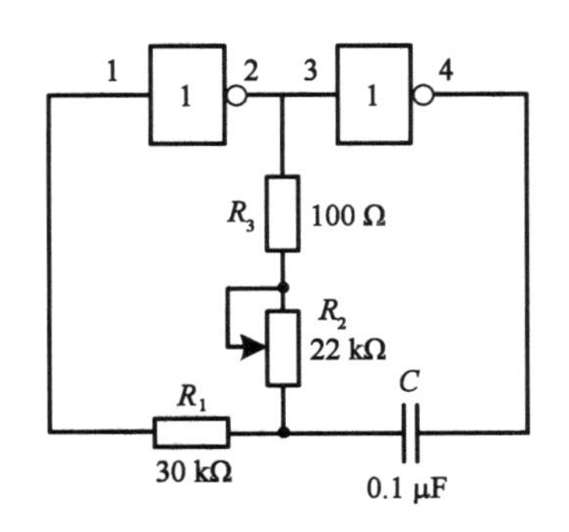

图 11－7　多谐振荡器测试电路 1

（2）由 TTL 门电路构成多谐振荡器，按图 11－8 接线，用示波器测量频率变化范围。观测 A、B、V_o 各点波形并记录。

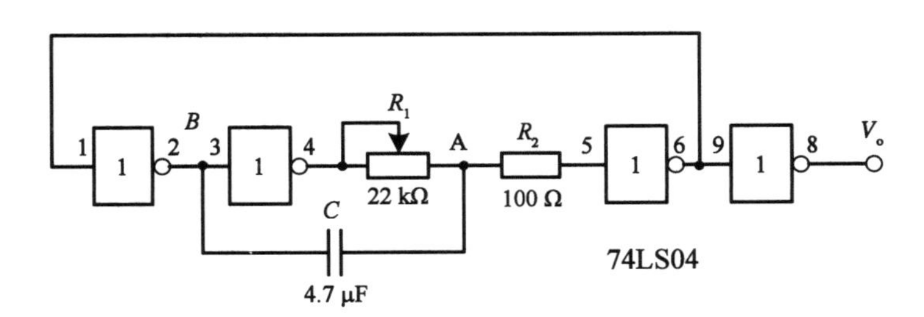

图 11－8　多谐振荡器测试电路 2

2. 单稳态触发器

（1）用一片 74LS00 接成如图 11－9 所示电路，输入 $V_{pp}=5$ V、2.5 V 偏置方波脉冲。

（2）记录输入频率分别为 200 Hz、1 kHz 和 10 kHz 时 A、B、C 各点波形。

（3）若要改变（例如增加）输出波形宽度应如何改变电路参数？用实验验证。

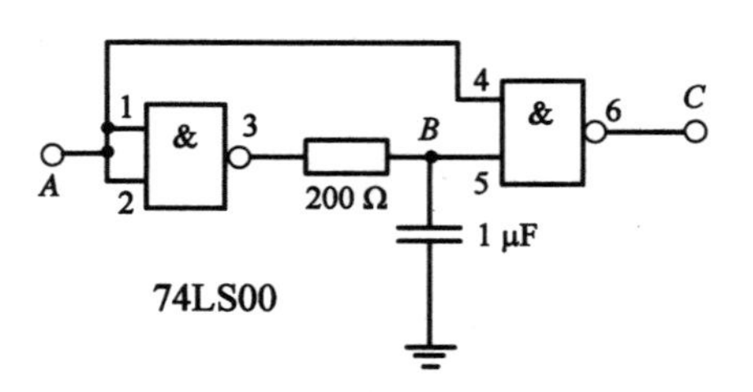

图 11－9　单稳态触发测试电路

实验总结

（1）整理实验数据及波形。

（2）画出振荡器与单稳态触发器联调实验电路图。

（3）写出实验中各电路脉冲宽度估算值，并与实验结果对照分析。

实验十二　555 时基电路

实验目的

（1）掌握 555 时基电路（555 定时器）的结构和工作原理，学会对此芯片的正确使用。

（2）学会分析和测试由 555 时基电路构成的多谐振荡器、单稳态触发器、RS 触发器等典型电路。

实验原理

定时器是一种通用的集模拟功能与逻辑功能为一体的中规模集成电路芯片。利用这种集成芯片，只要适当配接少量元件，就可以很方便地构成脉冲产生和变换电路及具有其他定时功能的电路。定时器在电子系统、电子玩具、家用电器等方面被广泛应用。

定时器有双极型和 CMOS 型两种。双极型定时器的驱动能力大，CMOS 型定时器具有功耗低、工作电压低等一系列优点。尽管定时器产品型号繁多，但几乎所有双极型产品型号最后的 3 位数码都是 555，所有 CMOS 产品型号最后的 4 位数码都是 7555。此外，它们的结构和工作原理基本相似，逻辑功能和外部引线排列完全相同。

图 12 - 1 是 555 定时器简化原理图，包括电压比较器、RS 触发器、输出

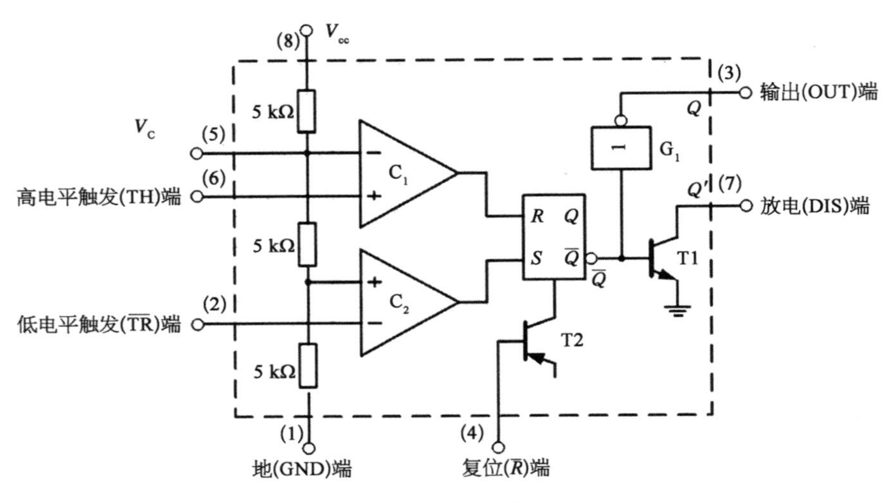

图 12－1　555 定时器原理图

驱动电路、放电开关 4 部分。

1. 电压比较器

当控制电压输入端(5)悬空时，参考控制电压由 3 个阻值为 5 kΩ 的电阻串联分压得到，比较器 C_1 的参考电压为 $2V_{cc}/3$，比较器 C_2 的参考电压为 $V_{cc}/3$。

比较器 C_1 的同相端为阈值电压输入端，反相端加参考电压 $2V_{cc}/3$。比较器 C_2 的反相端为触发输入端，同相端加参考电压 $V_{cc}/3$。

阈值输入端(6)电压低于 $2V_{cc}/3$ 时，比较器 C_1 输出为 0；若大于 $2V_{cc}/3$，比较器 C_1 输出为 1。触发输入端(2)电压小于 $V_{cc}/3$ 时，比较器 C_2 输出为 1；若大于 $V_{cc}/3$，比较器 C_2 输出为 0。

当控制电压输入端(5)不悬空时，接一个外加电压(其值在 0～V_{cc})，则两个比较器的参考控制电压将发生变化，电路的阈值电压、触发电平也相应变化。

本实验中控制电压输入端(5)。为提高比较器参考电压的稳定性，(5)端可通过 0.01 μF 电容接地。

2. RS 触发器

由两个或非门交叉耦合的 RS 触发器，由高电平直接触发。两个触发输入端 R、S 分别接两个比较器 C_1、C_2 的输出端。因而两个比较器的输出状态能决定该 RS 触发器的输出状态。C_2输出为 1 时，触发器被置位：$Q=1$，$\bar{Q}=0$，T1 截止；C_1输出为 1 时，触发器被复位：$Q=0$，$\bar{Q}=1$，T1 导通；C_1、C_2输出均为 0 时，触发器输出状态不变。另外，当在复位端(4)加上低电平时，T2 导通，不论当时比较器的输出状态如何，555 内部参考电位都会强制触发器复位，使 $Q=0$，$\bar{Q}=1$。如不用强制复位，应将(4)端接电源 V_{cc}。

3. 输出驱动电路和放电开关

由图 12－1 可见，G_1 是输出驱动电路，其作用是提高电路带负载的能力。T1 是放电开关，Q' 端可看成是集电极开路输出，其导通或关断由 $\bar{Q}$ 端控制。

实验内容

1. 555 时基电路功能测试

本实验所用的 555 时基电路芯片为 NE556，该芯片集成了 2 个各自独立的 555 时基电路，各引脚的功能简述如下：

TH 端：当 TH 端电平大于 $2/3V_{cc}$时，OUT 端呈低电平，DIS 端导通。

$\overline{TR}$端：当$\overline{TR}$端电平小于 $1/3\ V_{cc}$时，OUT 端呈高电平，DIS 端关断。

$\bar{R}$ 端：$\bar{R}=0$，OUT 端输出低电平，DIS 端导通。

V_C 端：V_C 接不同的电压值可以改变 TH、$\overline{TR}$的触发电平值。

DIS 端：其导通或关断为 RC 回路提供了放电或充电的通路。

OUT 端：输出高电平或低电平。

芯片的功能如表 12－1 所示，引脚如图 12－2 所示，功能简图如图 12－3 所示。

表 12－1　NE556 时基电路功能表

TH	$\overline{TR}$	$\bar{R}$	OUT	DIS
X	X	L	L	导通
$>\frac{2}{3}V_{cc}$	$>\frac{1}{3}V_{cc}$	H	L	导通
$<\frac{2}{3}V_{cc}$	$>\frac{1}{3}V_{cc}$	H	原状态	原状态
$<\frac{2}{3}V_{cc}$	$<\frac{1}{3}V_{cc}$	H	H	关断

NE556

引脚	左侧	右侧	引脚
1	DIS1	V_{cc}	14
2	TH1	DIS2	13
3	V_c1	TH2	12
4	$\overline{R1}$	V_c2	11
5	OUT1	$\overline{R2}$	10
6	$\overline{TR1}$	OUT2	9
7	GND	$\overline{TR2}$	8

图 12－2　时基电路 NE556 引脚图

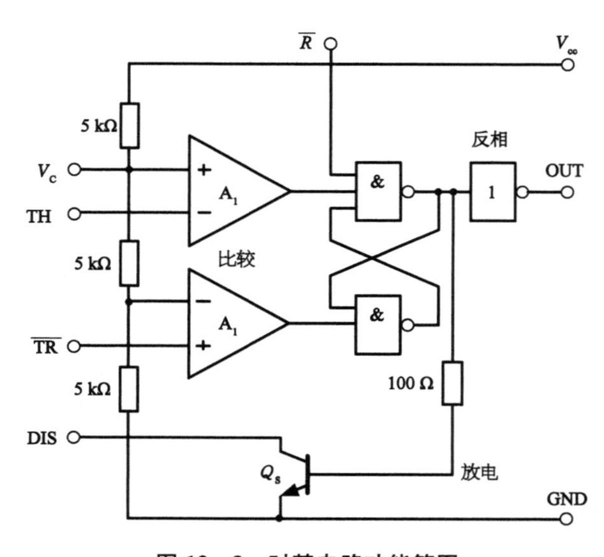

图 12－3　时基电路功能简图

(1) 按图 12－4 接线，可调电压取自电位器分压。

(2) 按表 12－1 逐项测试其功能并记录。

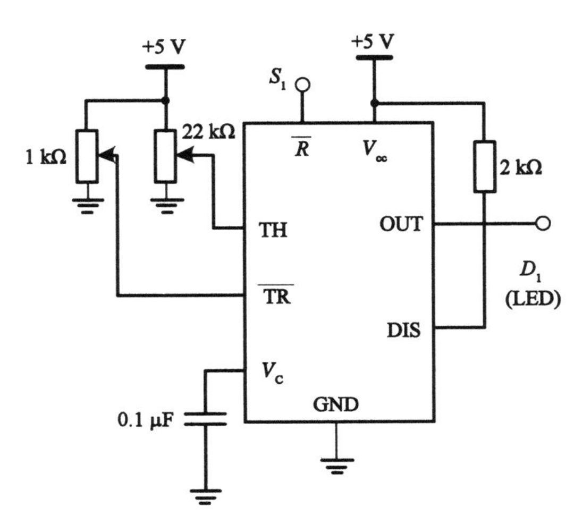

图 12－4　测试连线图

2. 555 时基电路构成的多谐振荡器电路

(1) 按图 12－5 接线，图中元件参数为

$R_1 = 15\ \text{k}\Omega$　　$R_2 = 5\ \text{k}\Omega$　　$C_1 = 0.033\ \mu\text{F}$　　$C_2 = 0.1\ \mu\text{F}$

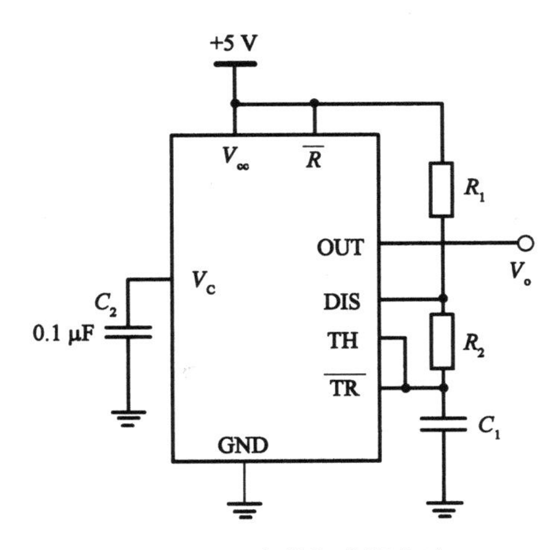

图 12－5　多谐振荡器电路

(2) 用示波器观察并测量 OUT 端波形的频率。与理论估算值比较，计算频率的相对误差值。

(3) 若将电阻值改为 $R_1=15\ \text{k}\Omega$，$R_2=10\ \text{k}\Omega$，电容 C 不变，上述数据有何变化?

(4) 根据上述电路的原理，充电回路的支路是 $R_1R_2C_1$，放电回路的支路是 R_2C_1，将电路略作修改，增加一个电位器 R_w 和两个引导二极管，构成图 12－6 所示的占空比可调的多谐振荡器，其占空比 q 为

$$q=\frac{R_1}{R_1+R_2} \tag{12-1}$$

改变 R_w 的位置，可调节 q 值。

合理选择元件参数(使用 5 kΩ 和 15 kΩ 的电阻，以及 22 kΩ 的电位器)，使电路正脉冲宽度为 0.2 ms，且占空比 q 接近 0.2。

调试电路，测出所用元件的数值，估算电路的误差。

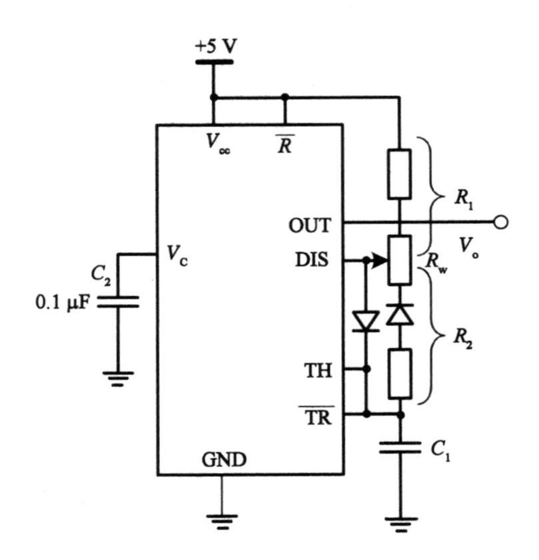

图 12－6　占空比可调的多谐振荡器电路

3. 555 时基电路构成的单稳态触发器

实验如图 12－7 所示。

(1) 按图 12－7 接线，图中 $R=10\ \text{k}\Omega$，$C_1=0.01\ \mu\text{F}$，$C_2=0.1\ \mu\text{F}$，V_i输

入频率为 7 kHz 的方波（V_{pp}=5 V，2.5 V 偏置）时，用双踪示波器观察 OUT 端相对于 V_i 的波形，并测出输出脉冲的正脉冲宽度 T_w。

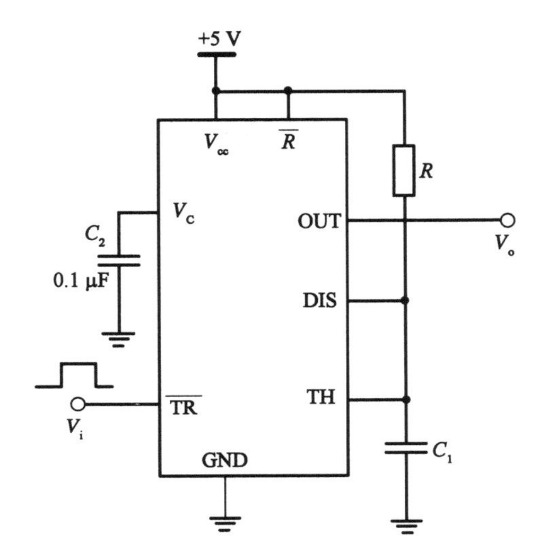

图 12－7　单稳态触发器电路

(2) 调节 V_i 的频率，记录 T_w 的变化并分析。

(3) 若要使得 T_w =10 μS，怎样调整电路？测出此时各有关参数的值。

4. 555 时基电路构成的 RS 触发器

实验如图 12－8 所示。

(1) 先令 V_C 端悬空，调节 R 端、$\bar{S}$ 端的输入电平值，观察 V_o 的状态，即在什么时刻由 0 变 1，或由 1 变 0？

测出 V_o 的状态切换时，R 端、$\bar{S}$ 端的电平值。

(2) 若要保持 V_o 端的状态不变，用实验法测定 R 端、$\bar{S}$ 端应在什么电平范围内。

整理实验数据，列成真值表的形式。与 RS 触发器比较，逻辑电平、功能等有何异同？

(3) 若在 V_C 端加直流电压 V_{C-V}，并令 V_{C-V} 分别为 2 V、4 V，观察 V_o 状态。V_o 状态保持和切换时 R 端、S 端应加的电压值是多少？试用实验法测定。

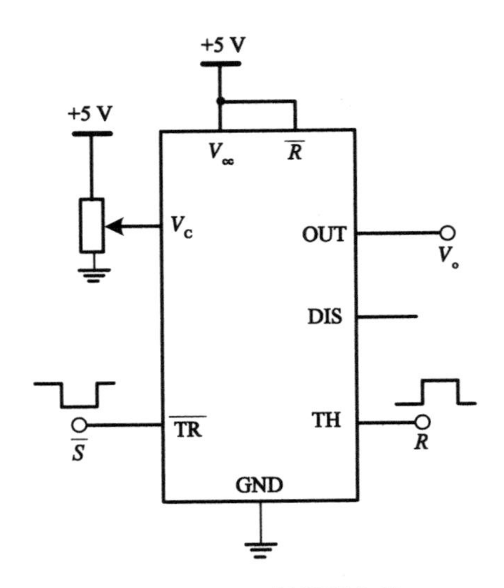

图 12－8　RS 触发器电路

5. 应用电路

图 12－9 所示用 NE556 的两个时基电路构成低频对高频调制的救护车警铃电路。

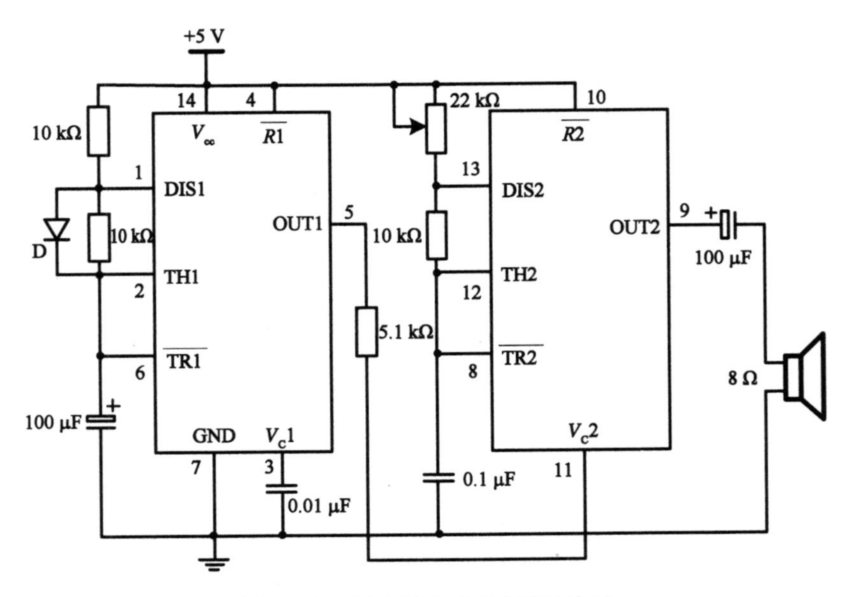

图 12－9　用时基电路组成警铃电路

(1) 参考实验内容 2,确定图 12 - 9 中未定元件参数。

(2) 按图 12 - 9 接线,注意扬声器先不接入。

(3) 用示波器观察输出波形并记录。

(4) 接上扬声器,调整参数使得声响效果达到满意。

时基电路使用说明:556 时基电路的电源电压范围较宽,可在+5～+16 V内使用(若为 CMOS 的 555 芯片,则电压范围在+3～+18 V)。

电路的输出有缓冲器,因而有较强的带负载能力,双极性定时器最大的灌电流和拉电流都在 200 mA 左右,因而可直接推动 TTL 或 CMOS 电路中的各种电路,包括能直接推动蜂鸣器等器件。

本实验所使用的电源电压 $V_{cc}=+5$ V。

实验总结

(1) 按实验内容各步要求整理实验数据。

(2) 画出实验内容 3 和 5 中的相应波形图。

(3) 画出实验内容 5 最终调试满意的电路图并标出各元件参数。

(4) 总结时基电路基本电路及使用方法。

实验十三 模数和数模转换电路

实验目的

(1) 熟悉数模转换器和模数转换器的基本原理。

(2) 掌握 T 型电阻网络数模转换器的工作原理和实现方法。

(3) 掌握逐次逼近型模数转换器的工作原理和实现方法。

实验原理

1. 模数与数模转换器的基本概念

前面各实验分别进行了模拟电路实验和数字电路实验，随着数字电路的不断发展，使用数字电子电路处理自然界的模拟信号越来越普遍，这就需要在连续的模拟信号和离散的数字信号之间设计特殊的接口电路来实现转换。

能够将模拟信号转换成为数字信号的电路叫作模数转换器(analog to digital convertor，ADC 或 A/D 转换器)，它是一个把模拟量转换成多位二进制数字量 $b_{n-1}b_{n-2}\cdots b_1b_0$ 的装置。输入的模拟信号首先在一系列离散的时刻进行采样，然后量化成多位二进制数字信号 $b_{n-1}b_{n-2}\cdots b_1b_0$，每一个二进制数字信号对应某一个最小单位电压值的整数倍，这个最小单位电压值被称为量化单位，对应二进制数字信号的最低有效位（least significant bit，LSB），图 13－1 给出了将 0～V_{ref}参考电压内的模拟信号量化成 3 位二进制数的一种编码方式。

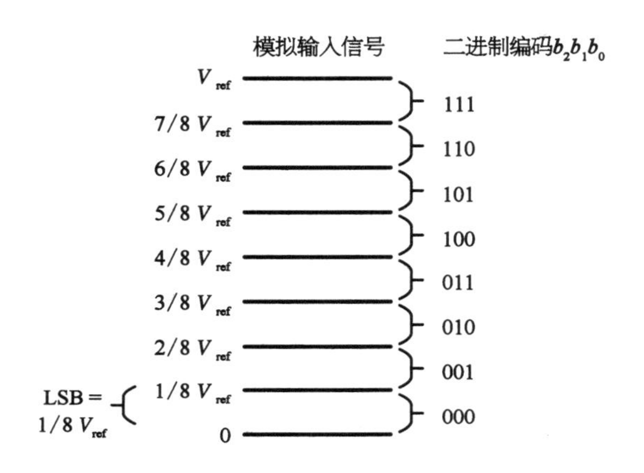

图 13－1　3 位 A/D 转换器的量化编码过程

能够将数字信号转换成为模拟信号的电路叫作数模转换器（digital to analog convertor，DAC 或 D/A 转换器），它是 A/D 的相反过程，用于产生精确且易于调节的参考电压。通过输入多位二进制的数字信号 $b_{n-1}b_{n-2}\cdots b_1b_0$，来生成与之具有线性关系的模拟电压输出

$$V_o=(b_{n-1}\times 2^{n-1}+b_{n-2}\times 2^{n-2}+\cdots+b_1\times 2+b_0\times 1)\frac{V_{ref}}{2^n} \tag{13-1}$$

A/D 和 D/A 转换器是现代电子系统中的重要电路结构，在数字信号处理、通信、传感与自动控制技术、物联网，以及智能工业与智能驾驶等诸多系统中发挥着举足轻重的作用。A/D 和 D/A 转换器的转换精度通常由其数字信号的位数决定，常见的有 8 位、10 位、12 位，乃至高精度的 16 位、24 位等。A/D 和 D/A 转换器的另一个重要指标是转换速度，其中 A/D 转换器的转换速度主要受采样电路的采样率决定。依照香农采样定理可知采样率越高，能够准确无误地从采样电路中恢复原始信号的频率就越高。而 D/A 转换器的转换速度主要受输出模拟信号的建立时间影响。目前，高速高精

度的 A/D 和 D/A 转换器仍属于我国“卡脖子”技术之一。

A/D 和 D/A 转换器的实现方式众多。常见的 D/A 转换器结构有权电阻网络、权电流网络、权电容网络、T 型电阻网络、开关树等。常见的 A/D 转换器结构有积分型、计数型、逐次逼近型、并行比较型、时间交织型、流水线型、过采样型等，而按照所处理信号的不同可分为电压型 A/D 和 D/A 转换器与电流型 A/D 和 D/A 转换器等。

本实验研究电压型转换器中的两种典型的转换器结构：T 型电阻网络 D/A 转换器和逐次逼近型 A/D 转换器，利用基本元器件搭建完整的转换器电路，了解和掌握电路的基本结构和工作原理。

2. T 型电阻网络型 D/A 转换器

T 型电阻网络是一种设计巧妙的电阻网络结构，通过 R 和 $2R$ 两种阻值的电阻的不同连接方式实现 D/A 输出，如图 13 - 2 所示。8 位数字信号控制着图中的开关，开关接地表示数字“0”，连接运算放大器的反相输入端表示数字“1”。参考电压 V_{ref} 经过电阻网络和负反馈放大器，最终产生模拟电压的输出值 V_o 为

$$V_o = -\frac{R_F}{2^8 R} V_{ref} \times (2^7 d_7 + 2^6 d_6 + 2^5 d_5 + 2^4 d_4 + 2^3 d_3 + 2^2 d_2 + 2^1 d_1 + d_0) \tag{13-2}$$

从而实现了通过数字值产生不同的模拟电压的功能。

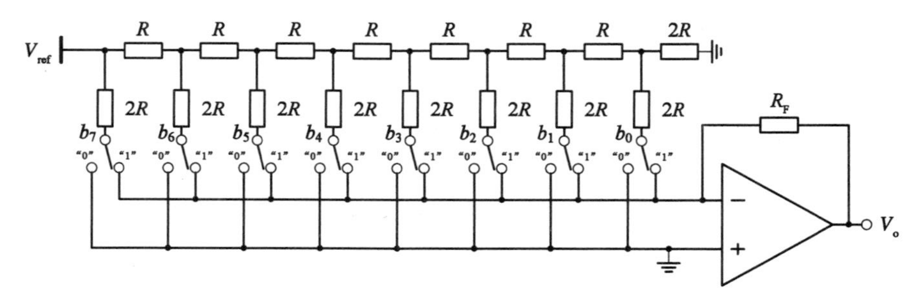

图 13 - 2　8 位 T 型电阻网络结构的 D/A 转换器

为了得到一定的输出驱动能力，D/A 转换器需要使用负反馈放大器产生电压输出。本实验使用了 TI 公司的 NE5532A 型低噪声运算放大器。该运放采用±12 V 电源供电，能够提供较大的输出电压动态范围；同时该运放具备超过 66 dB 的直流增益和 100 dB 的共模抑制比，能够保证输出电压的精确。单片 NE5532A 芯片包括两个运算放大器，本实验中通过两级反相输入负反馈放大电路级联的方式来最终产生同相输出，如图 13－3 所示，其中 R_F、R_1和 R_2的阻值根据模拟输出信号的范围来确定(关于 NE5532A 型运算放大器更多资料详见 TI 公司官网：https://www.ti.com/product/NE5532A)。

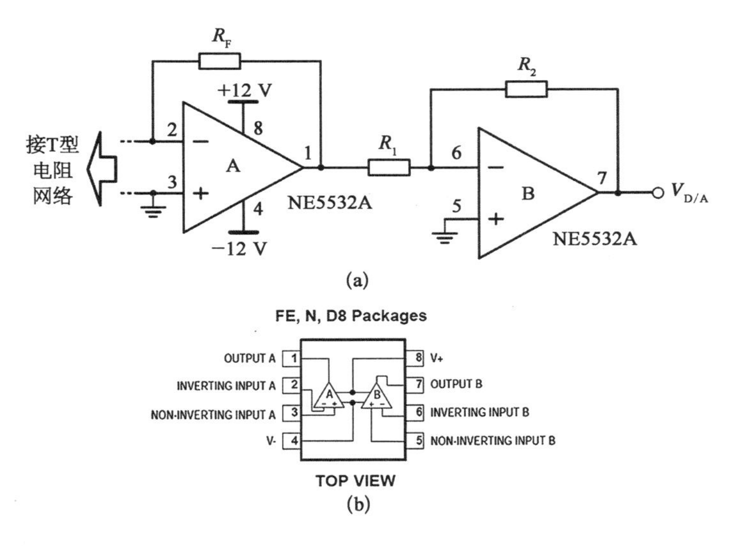

图 13－3　利用 NE5532A 芯片设计 D/A 转换器输出部分(a)与 NE5532A 芯片结构图(b)

理想的 D/A 转换器的输出模拟电压值应当与输入的数字值呈线性关系，但在实际的 D/A 转换器中，由于电阻阻抗不匹配，以及运算放大器精度、开关非理想特性等因素，使得实际测量得到的转换关系呈现非线性的关系，如图 13－4 所示。实测转换曲线与理想的严格线性的转换曲线之间的差值 ΔV_o被称为 D/A 转换器的积分非线性(integral nonlinearity，INL)，是衡量 D/A 转换器转换精度的一个重要指标。

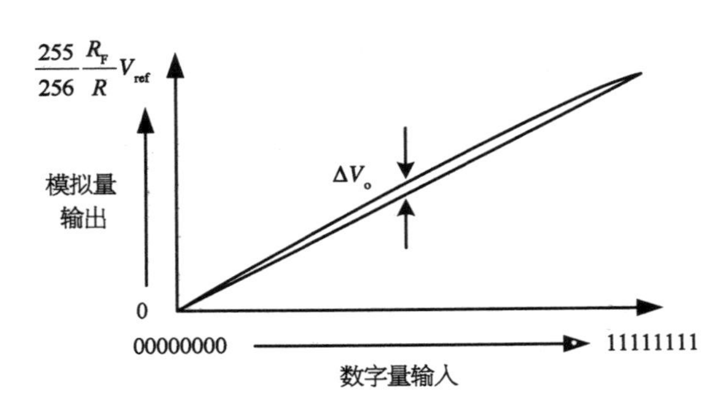

图 13-4　D/A 转换器的转换曲线与积分非线性

3. 逐次逼近型 A/D 转换器

最简单的 A/D 转换器由一个 D/A 转换器和一个比较器构成，如图 13-5 所示。在输入模拟信号 V_i 不变的情况下，通过计数器依次生成不同的数字值，驱动 D/A 转换器生成对应的模拟电压 $V_{D/A}$ 与 V_i 进行比较，直至 $V_{D/A}$ 与 V_i 相等或者差值足够小时，将当前的数字值输出为最终的 A/D 转换结果，这种 A/D 转换器叫作计数型 A/D 转换器。

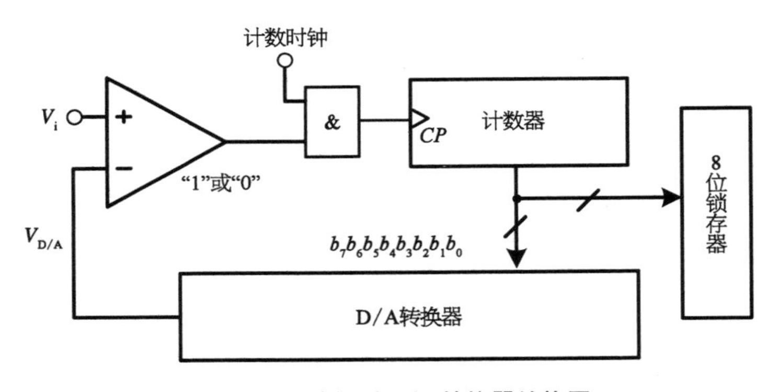

图 13-5　计数型 A/D 转换器结构图

由于每一次转换都需要计数器从 0 开始计数，计数型 A/D 转换的主要缺点是转换时间过长，n 位 A/D 转换器最多需要进行 2^n 次电压比较。为了提高转换速度，A/D 的设计借鉴了计算机比较算法中的二分法原理，设计了逐次逼近型 A/D 转换器，如图 13-6 所示。转换开始时，首先将 D/A 转换器设置成 100…000，所生成的模拟电压 $V_{D/A}$ 与 V_i 进行比较。如果 $V_{D/A}>V_i$ 即比较器输出“0”，说明数字值过大，则最高位的“1”应当改为“0”；如果 $V_{D/A}<V_i$ 即比较器输出“1”，说明数字值不够大，最高位的“1”应当保留。之后用同样的方式将次高位置位“1”，根据 $V_{D/A}$ 与 V_i 比较结果来决定该位“1”是否应当保留，这样由高位到低位逐个比较下去，直到所有的数字位比较完毕，此时控制电路最终保留的数字值就是转换结果。n 位逐次逼近型 A/D 转换器只需要进行 n 次电压比较，大大减少了转换时间，同时由于控制电路是逐位进行“1”或“0”的判断，因此判断结果可以直接通过移位寄存器存储在输出电路中，简化了电路结构。目前，逐次逼近型 A/D 转换器是使用最多的一种 A/D 转换器。

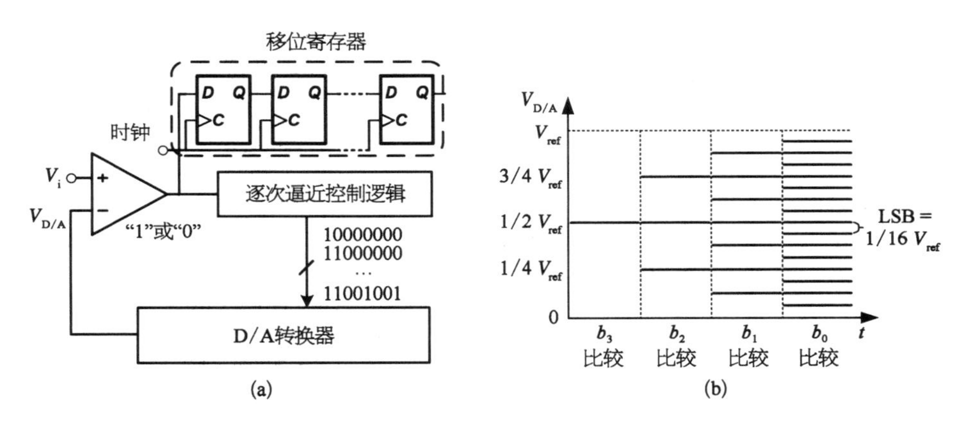

图 13－6　逐次逼近型 A/D 转换器结构图(a)与 4 位 A/D 转换器的比较逐次比较过程(b)

本实验使用的逐次逼近型 A/D 转换器中，D/A 转换器的部分直接使用上一步已经搭建好的 T 型电阻网络 D/A 转换器。作为原型实验系统，D/A 转换的开关逻辑采用手动开关来实现，因此逐次逼近型的 A/D 转换器中的转换控制逻辑也通过手动方式实现，而转换结果则直接将每次比较器输出的比较结果逐位存入移位寄存器中。由于实验的 D/A 转换器输出运放工作在 12 V 电压模式下，因此需要使用 12 V 电源的比较器。本实验使用了 TI 公司的 LM311 高速差分比较器（www.ti.com/product/LM311），如图 13－7 所示，输入部分工作在＋12 V 单电源下，输出通过开集输出上拉电阻到＋5 V，从而可以直接生成 0～5 V 的数字信号，可以作为数据信号输出给 D

触发器构成的移位寄存器。本实验使用TI公司的74HC273,拥有8个D触发器,共用上升沿时钟CLK和低电平有效的复位端CLR,如图13-8所示。

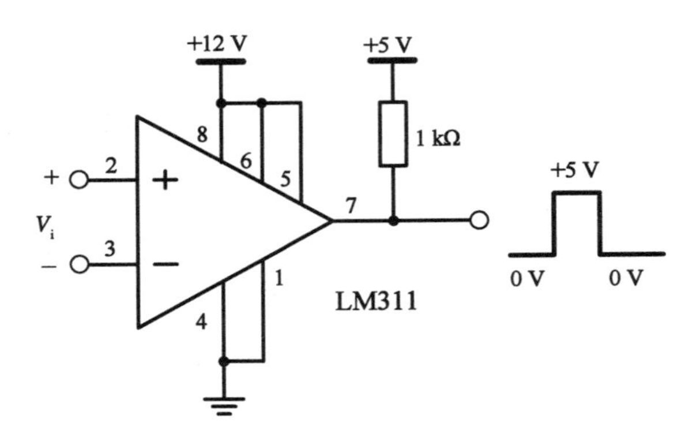

图13-7 电压比较器LM311原理图

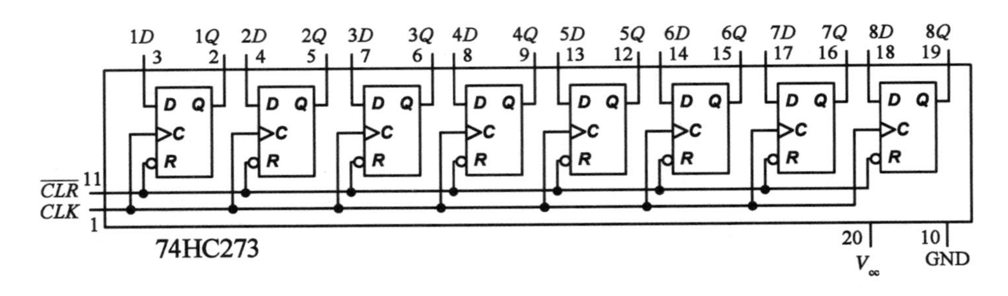

图13-8 由8个D触发器组成的74HC273的结构图

实验内容

1. D/A转换电路实验

(1) 根据图13-2设计8位T型电阻网络结构的D/A转换器。结合图13-3的双运放结构,设计输出电路,使得当输入数字为0~255时,对应0~10 V的变化。电路的参考电压V_{ref}可以通过负反馈放大电路来产生,并且可以手动调节。请设计合适的T型网络电阻、输出运放的负反馈电阻R_F、R_1和R_2,画出完整的电路图,根据设计搭建电路。

(2) 测量所实现的D/A转换器的转换曲线,根据曲线计算D/A转换器的LSB对应的电压值,以及积分非线性INL。

2. A/D转换电路实验

(1) 根据图13-6设计逐次逼近型A/D转换器,画出完整的电路图,设计并搭建电路。其中D/A转换器的部分直接采用已经通过调试验证的T型电阻网络D/A转换器来实现,其输出电压作为电压比较器的反相输入端电压。待测电压值通过电阻分压或外接电压源、电池等产生,作为电压比较器的同相输入端电压。电压比较器的输出已经通过1 kΩ电阻上拉到5 V,可以直接作为数字信号输出给由D触发器组成的移位寄存器。

(2) 设计A/D转换的控制流程,通过开关动作实现。设计流程记录表格,记录各数字位比较前的D/A开关位置、比较结果及相应的开关位置,掌握逐次逼近型A/D的转换流程。

(3) 比较A/D转换后的数字值与理想A/D转换值的偏差,分析误差来源。

(4) 测量未知电压源(如电池)的电压对应的数字值,并根据自制的D/A转换器的LSB估算对应的电压值。记录测量结果,分析测量误差。

实验总结

整理实验数据,分析实验结果。

实验思考

(1) 分析T型网络的电压和电流的关系,思考为什么通过电阻R和$2R$的组合能够实现成倍的电压输出。

(2) 回顾逐次逼近型A/D的转换流程,当比较到最后一位b_0时,通过何种实验现象可以确定模拟输入值和D/A输出值之间的差值小于1LSB。

第三部分

综合设计实验

实验十四 交通灯控制系统

实验目的

(1) 加深对基本数字电路单元(逻辑门、触发器等),以及由其组成的典型数字电路模块(计数器、译码器等)的理解,熟练运用基本电路单元进行数字逻辑功能的设计与搭建。

(2) 加深对组合逻辑电路和时序逻辑电路的设计流程和方法的理解,掌握简单逻辑电路的设计方法。

(3) 掌握数字逻辑电路的基本调试方法,以及排查硬件错误的能力。

实验原理

十字路口的交通信号灯利用红灯、黄灯和绿灯的交替点亮来实现对车辆通行的控制,灯的点亮、熄灭和闪烁需要满足特定的时序要求,可以通过已经掌握的时序逻辑电路进行设计和实现,如图 14-1 所示,这是数字逻辑电路应用于日常生活的一个典型案例。

(同步)时序逻辑电路的设计一般遵循以下的设计步骤:

(1) 明确设计需求,将时序逻辑功能表示为时序逻辑函数,以状态转移表或状态转移图等形式给出。

(2) 状态化简与状态分配。

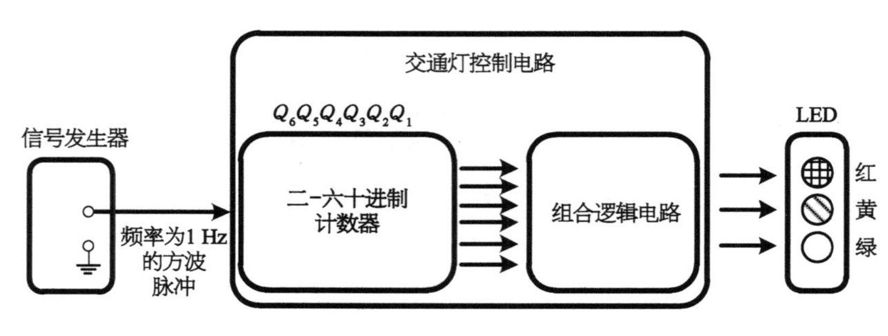

图 14-1 交通灯控制系统框图

(3) 选定触发器类型，求解电路状态方程、输出方程，以及激励方程（如果有）。

(4) 根据状态方程设计触发器相关电路，根据输出方程设计相关的组合逻辑电路。

(5) 必要的检查，如自启动、竞争-冒险等。

在系统设计时需要考虑逻辑电路的简化，同时也要考虑元器件的供应情况，从实验室提供的元器件中进行选型和设计。

实验设计需求：设计周期 60 s 的交通灯控制电路，依次点亮红、黄、绿 3 个 LED 灯，按如下要求进行切换：

(1) 绿灯点亮 32 s。

(2) 黄灯点亮 8 s。

(3) 红灯点亮 20 s。

(4) 回到步骤(1)，循环执行。

时钟信号源统一使用频率为 1 Hz 的方波脉冲。根据这个设计需求，容易分析得到系统可以通过一个二-六十进制计数器来实现 60 个基本状态，可不进行进一步化简与状态分配，通过组合逻辑电路来实现不同时序状态下的 LED 灯亮灭的控制。

制定设计方案时同样需要考虑可以使用的数字逻辑器件，以下是 74 系列常见的逻辑门电路，其逻辑芯片及引脚关系如图 14-2 所示。

• 74LS112：每个芯片内部有 2 个带置位端和复位端的下降沿触发 JK 触发器。

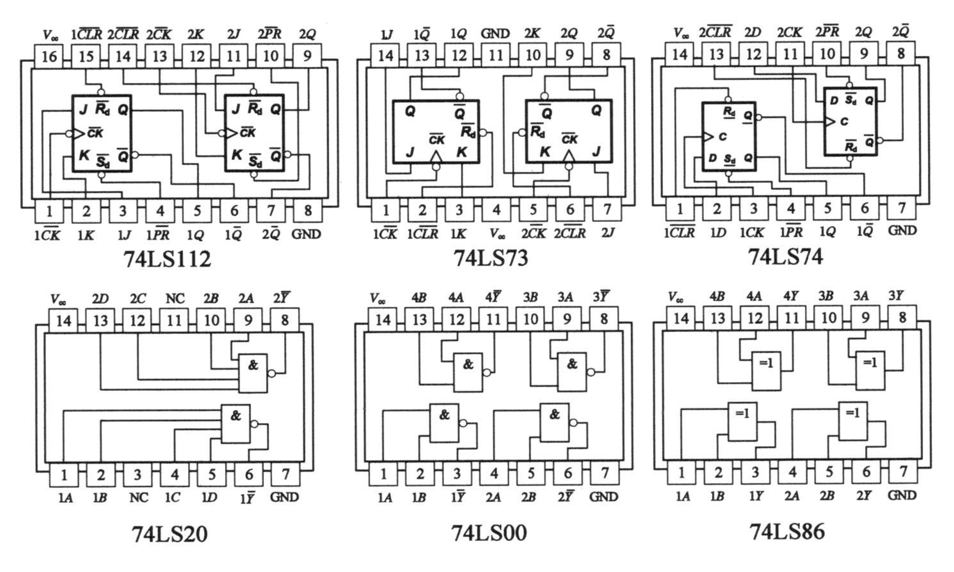

图 14－2　部分逻辑芯片及其引脚关系图

- 74LS73：每个芯片内部有 2 个带有复位端的下降沿触发 JK 触发器。
- 74LS74：每个芯片内部有 2 个带置位端和复位端的上升沿触发 D 触发器。
- 74LS20：每个芯片带有 2 个 4 输入端与非门。
- 74LS00：每个芯片带有 4 个 2 输入端与非门。
- 74LS86：每个芯片带有 4 个 2 输入端异或门。

通过使用其他的逻辑器件，将能够实现不同的电路设计方案。

实验内容

本实验是数字电路综合设计实验，可自行选用不同的元器件和电路结构来实现。这里给出一种基本的设计思路。

1. 二-六十进制计数器的实现

根据实验原理的分析，所需要设计的交通灯控制时序电路的基本状态有 60 种，对应周期 60 s 的亮灯序列，因此第一步应实现频率为 1 Hz 的时钟驱动下的二-六十进制计数器。可参考实验十中实现的异步或同步二-十进制加法计数器电路，利用6个JK触发器或D触发器搭建异步二-六十进制计数器来实现由6位二进制数$Q_6Q_5Q_4Q_3Q_2Q_1$表示的电路状态。

提示1 二-六十进制计数器的实现可采用异步复位的方式实现，即当计数器计数到$Q_6Q_5Q_4Q_3Q_2Q_1=(111100)_2$至$(111111)_2$时产生异步复位信号复位至$(000000)_2$，有效的计数值为$Q_6Q_5Q_4Q_3Q_2Q_1=(000000)_2$至$(111011)_2$。

提示2 先使用6个LED验证计数器功能的正确，可以先手动注入单脉冲测试，再使用频率为1 Hz的连续脉冲。

2. 组合逻辑的实现

根据$Q_6Q_5Q_4Q_3Q_2Q_1$来设计3个灯点亮的组合逻辑电路，可考虑如下的设计思路：

(1) $Q_6Q_5Q_4Q_3Q_2Q_1=(000000)_2=(0)_{10}$至$(011111)_2=(31)_{10}$时，只有绿灯亮，分析绿灯逻辑与$Q_1\sim Q_6$中哪几个逻辑值有关。

(2) $Q_6Q_5Q_4Q_3Q_2Q_1=(100000)_2=(32)_{10}$至$(100111)_2=(39)_{10}$时，只有黄灯亮，分析黄灯逻辑与$Q_1\sim Q_6$中哪几个逻辑值有关。

(3) 红灯的逻辑可以这样考虑：当绿灯和黄灯不亮时，红灯亮。分析红灯逻辑与$Q_1\sim Q_6$中哪几个逻辑值有关，并利用卡诺图化简，化简时应尽量利用与非门等已有的逻辑门来实现。

完成3个逻辑灯的设计后，利用逻辑门器件搭建电路，调试功能。

3. 提高部分

要求绿灯在切换至黄灯之前交替亮灭8次，也就是当计数值

$Q_6Q_5Q_4Q_3Q_2Q_1$ 等于$(010000)_2=(16)_{10}$、$(010010)_2=(18)_{10}$、$(010100)_2=(20)_{10}$、$(010110)_2=(22)_{10}$、$(011000)_2=(24)_{10}$、$(011010)_2=(26)_{10}$、$(011100)_2=(28)_{10}$和$(011110)_2=(30)_{10}$时，需要绿灯熄灭。根据以上思路，可在实验内容 2 的绿灯逻辑上进行修改以实现交替亮灭的功能，同时不影响黄灯和红灯的逻辑。

实验总结

(1) 分析需求，阐述整体设计思路。

(2) 绘制各个电路模块的完整电路图、状态转移图和必要的逻辑化简过程，结合已提供的门电路种类来进行逻辑化简。运行必要的电路仿真来验证设计。

(3) 记录实验调试过程遇到的问题，描述问题现象、排查过程和最终解决方法，分析造成逻辑错误的原因。

实验思考

(1) 思考异步计数器和异步复位可能造成的竞争-冒险现象，分析所设计的计数器的自启动能力。

(2) 思考如何用同步计数器代替异步计数器实现电路逻辑，分析其相比于异步计数器实现方式的优点，用实验验证想法。

实验十五 电机转速测量系统

实验目的

(1) 加深对基本数字电路单元(逻辑门、触发器等)及由其组成的典型数字电路模块(计数器、译码器等)的理解,熟练运用基本电路单元进行数字逻辑功能的设计与搭建。

(2) 加深对 555 时基电路的理解,熟练运用 555 时基电路进行波形发生功能的设计与搭建。

(3) 掌握电光转换和光电转换的原理。

实验原理

电机是一种将电能转化为机械能的装置,在现代生活中是不可替代的,已成为人们生活和工作中必不可少的一部分,无论是家用电器、还是工业生产中的各种生产设备,都需要使用电机。精准控制电机速度是各种生产设备可靠工作的关键。一般地,电机速度测量系统由光电传感器、计数器、显示器等模块组成。

本实验的指标如下:

- 电机速度(0～900 rpm)可调。
- 电机转速用 3 位数码管显示。
- 有开始测量功能和显示清零功能。

- 计数 60 s 内脉冲个数，60 s 后能自动停止计数，并显示最终计数。

1. 电机转速测量系统

本实验电机选用低压(0～5 V)直流电机，首先，在电机的转轴上端安装一个圆盘，在圆盘上开一个扇形孔，孔两边分别对着光电传感器的发光二极管和光敏三极管，因为只开一个扇形孔，这样电机每转一周就会产生一个脉冲，通过整形使得脉冲更为规则。将闸门时间设为 60 s，在这一时间段计数的脉冲个数就是每分钟的转速，并通过数码管将转速显示出来。电机转速测量系统原理框图如图 15－1 所示。

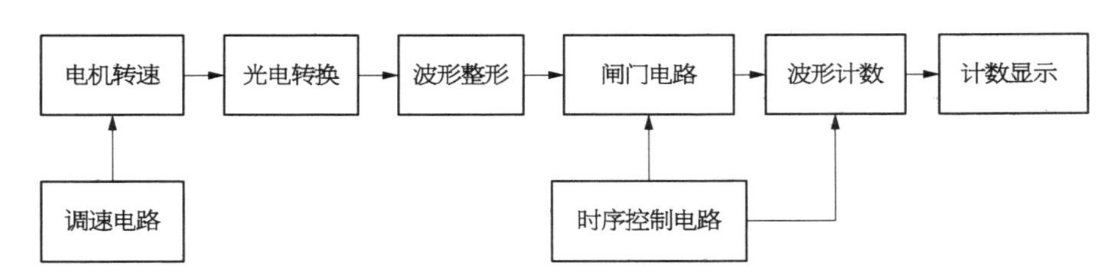

图 15－1　电机转速测量系统原理框图

2. 电机调速单元

对电机进行调速，可用 555 时基电路制作一个 PWM 发生器，通过调整 555 的输出脉冲宽度来改变直流电机的转速。图 15－2 是参考搭建的电路图。

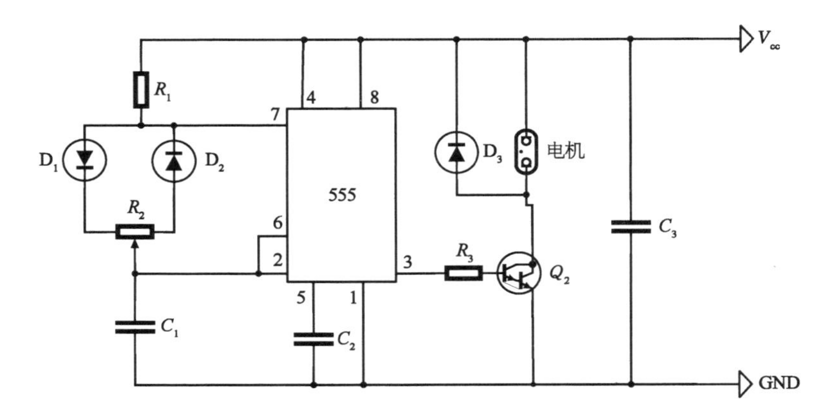

图 15－2　由 555 时基电路构成的 PWM 直流电机调速电路

图 15－2 电路中 555 时基电路及外围的电阻、电容等元件构成一个 PWM 发生器，输出脉冲的频率可通过电位器 R_2、电容 C_1 来调整。调整电位器 R_2 的阻值可改变 555 输出端引脚 3 输出脉冲的宽度，即可改变电机的转速。由于直流电机的工作电流较大(可达数安)，555 的输出不能直接驱动这种电机，故在输出端引脚 3 外接一个大电流的 NPN 型三极管来驱动直流电机。

3. 光电转换及整形单元

如图 15－3 所示，该单元是在电机的转轴上端安装一个小圆盘，并在圆盘上开一个扇形孔，孔两边分别对应着光电传感器的发光二极管和光敏三极管。当电机转动时，发光二极管发出的光就会通过扇形孔打到光敏三极管上，光敏三极管将光信号转换成电信号，该信号可能不是规则的矩形脉冲信号，需要利用 74LS14 施密特反相器进行整形，整形后输出规则的方波信号。

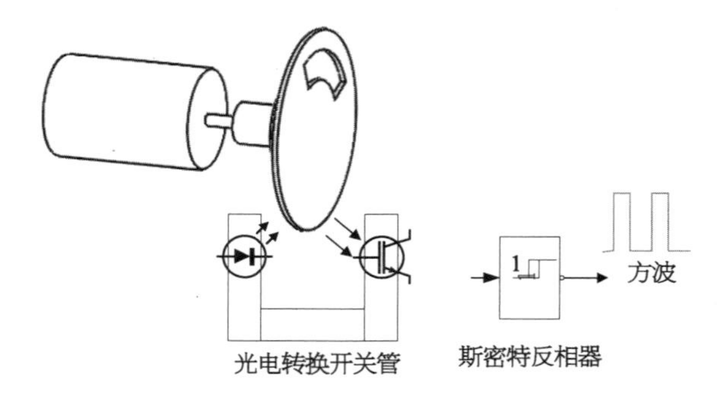

图 15－3 光电转换及整形原理示意图

4. 时间闸门单元

使用 555 时基电路搭建一个时序发生器，产生一个 60 s 正半波的脉冲信号，利用该脉冲作为闸门信号。图 15－4 是闸门信号原理示意图。

5. 时序控制单元

时序控制单元的功能为，在闸门时间内进行计数，闸门时间结束时要进行锁存。可以按清零按钮开始计数。图 15－5 是锁存信号原理示意图。

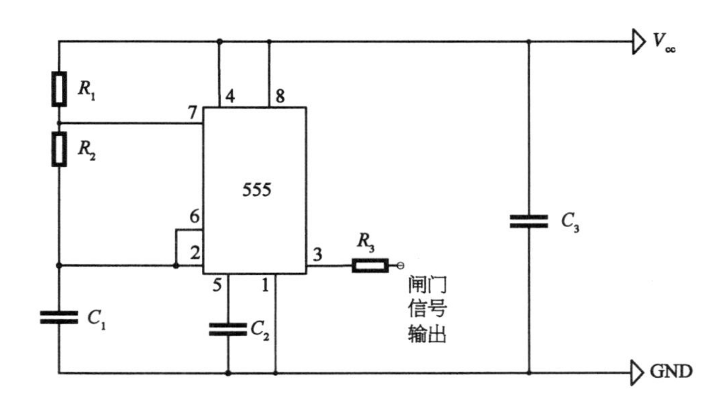

图 15－4　闸门信号原理示意图

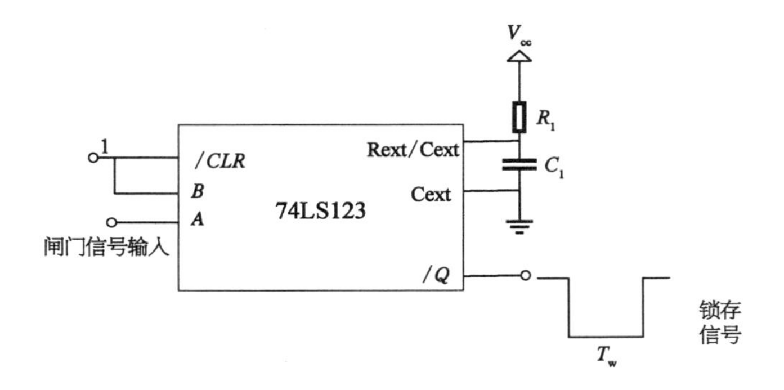

图 15－5　锁存信号原理示意图

本单元使用 74LS123 芯片检测闸门信号的下降沿，以触发 74LS160 进入保持模式，从而锁存最终计数。按键信号的上升沿触发 74LS160 的清零模式，使 74LS160 从 0 开始计数。图 15－6 是清零信号原理示意图。

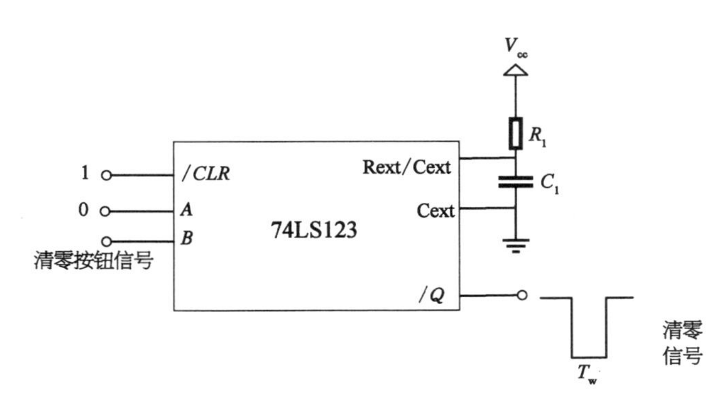

图 15－6　清零信号原理示意图

6. 计数和显示单元

该单元采用常用的 74LS160 实现十进制计数，采用 74LS48 进行译码驱动，采用 3 位 LED 数码管显示数值。图 15－7 是数码管共阴连接示意图及引脚连接。图 15－8 是计数显示原理示意图。

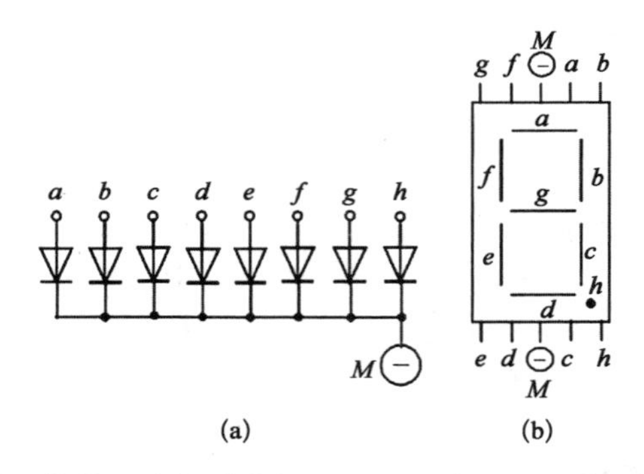

图 15－7　数码管共阴连接（“1”电平驱动）示意图(a)及其引脚连接图(b)

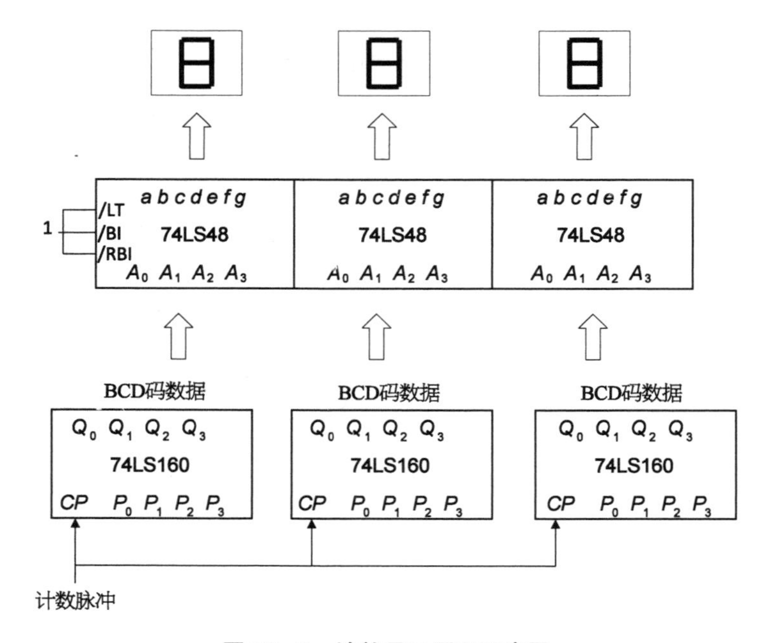

图 15－8　计数显示原理示意图

实验内容

1. 电机调速电路的搭建与调试

搭建调速电路，使用示波器探头测量 555 信号的输出端，记录波形；改变 R_2 的阻值，使 555 输出的方波信号占空比分别为 50%、80%，并记录波形。

2. 转速-光-电信号转换及整形电路的搭建与调试

搭建电路，使用示波器探头测量 74LS14 输入端、输出端的波形。分析整形前后波形的差别及差别产生的原因。

3. 时间闸门电路的搭建与调试

使用示波器测量 555 信号的输出端，记录正半波、负半波时间。

4. 时序控制电路的搭建与调试

搭建电路，按表 15-1 的要求输入信号，记录输出波形。

表 15-1　时序控制电路测试

输　入			输　出
/CLR	*A*	*B*	*/Q*
1	0	↑	
1	0	↓	
1	↑	1	
1	↓	1	

5. 计数和显示电路的搭建与调试

搭建电路，分别测试 74LS160 计数、保持和清零功能。

实验总结

(1) 按实验内容分别描述每个实验过程,分析实验中出现的问题。

(2) 图 15-2 中两个二极管 D_1、D_2 的作用是什么?

实验十六 基带通信收发电路系统

实验目的

（1）了解数字通信电路中简单的数字电路单元，例如串并转换、连零检测、M 序列码产生电路、模 2 运算等逻辑电路的功能。

（2）掌握根据实际电路设计需求，利用简单数字电路元件完成逻辑电路模块设计的能力。

实验原理

现代社会的运行与发展离不开发达的通信系统。数字通信技术利用数字信号进行信息的发送、传输和接收。相较于模拟通信技术，数字通信技术在抗噪声干扰、容错性、保密性等方面都有显著的提高。随着电子技术和计算机技术的发展，数字通信目前已取代模拟通信，在通信方式中占据主导地位。

数字通信系统中的主要模块，包括编码、译码、同步、加解密等，都依赖各种数字电路模块的实现。通信电路模块种类繁多，从小至计数器、判决电路等简单的组合与时序逻辑电路，到大至由几万个逻辑门、触发器构成的串行收发器、数据链路等大型数字与混合信号模块，不一而足。在本书中选择几个具有代表性的数字逻辑电路单元，分析其中原理，并使用简单的逻辑门和触发器芯片动手搭建实际电路，从而加深对数字电路逻辑功能的理解，了解到更多基础数字电路逻辑单元的应用场景。

1. 数字通信系统的基本结构与串并转换

典型的数字通信系统结构如图 16－1 所示。信源产生的信息在发送端电路中经过滤波、采样量化、编码、调制、加密等信号处理后，通过载波电路输出到传播媒介上传输。信息传输的媒介称为信道，在不同的应用场合下种类丰富多样，包括有线信道（双绞线、同轴电缆、微波波导、光纤等）和无线信道（电磁波）等。信息传输到接收端后被载波电路提取，经过解密、解调制、译码、滤波等信号处理后，产生最终的有效信号提供给信宿，完成整个信息的传输过程。

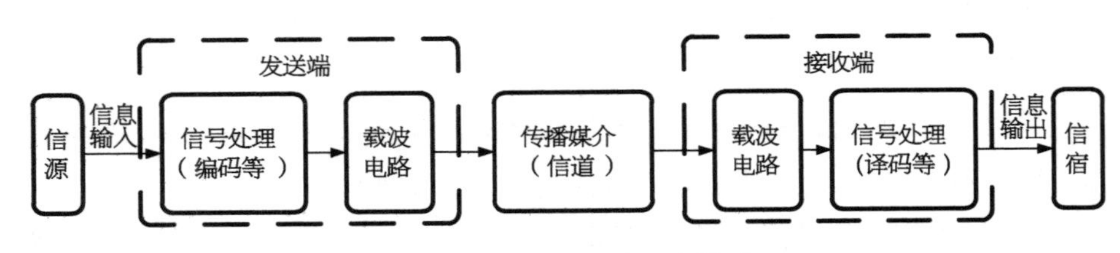

图 16－1　数字通信系统模型

随着信道中传输的数字码率不断升高，采用多个数字通道并行传输会存在越来越严重的同步问题：通道间传输延迟的差异会造成发送端对齐的码值在接收端无法严格对齐的现象，因此高速数字通信系统通常采用串行的方式发送数据。如图 16－2 所示的简化模型中，发送端的数据并行输入，经过串行化后产生单个数字通道的串行数据输出；接收端则将接收到的串行数据通过并行的方式输出给接收端的后端电路。

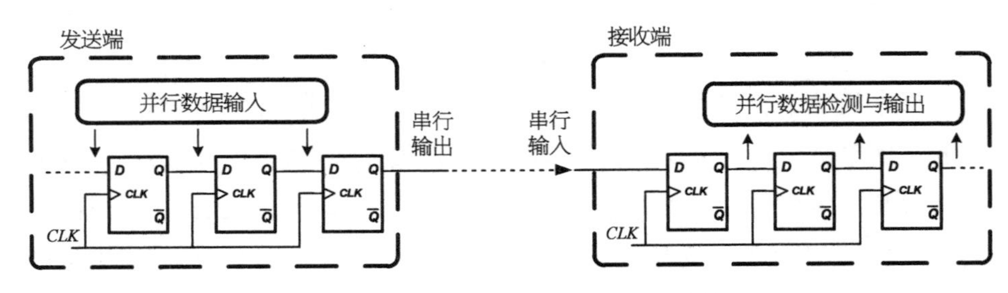

图 16－2　串并转换与收发的简化结构

串并转换过程的数字电路可以通过实验十中的移位寄存器来实现，通过首尾相连的D触发器即可实现对应的功能。除此之外，为进一步简化信道设计，串并转换过程的时钟 CLK 信号通常不直接传输，而是通过特殊的编码方式让传输数据的码值中拥有足够的逻辑“0”与逻辑“1”之间的跳变，在接收端利用这些跳变来“恢复”时钟信号。这种时钟与数据恢复(clock and data recovery, CDR)技术在高速数字通信中有着广泛的应用，但其要求串行传输的码率中不能有过多连续的逻辑“0”或“1”的存在，否则接收端无法正确恢复时钟。

本实验中，要求通过D触发器来实现一个简单的接收端串行转并行的电路，并且根据并行数据设计连零检测的逻辑电路。连零检测在很多常用的数字编码方式中都有广泛的应用，如信号交替反转(AMI)码、三阶高密度双极性(HDB3)码等。

2. 线性反馈移位寄存器与M序列

下面介绍一种应用非常广泛的电路，在数字通信中被称为M序列码产生电路，而在微电子设计中则被称为线性反馈移位寄存器(linear feedback shift register, LFSR)，这是环形计数器的一种实现形式，如图16-3所示。其反馈回第一级触发器输入 D_1 的逻辑值由各个寄存器输出 $Q_1 \sim Q_n$ 中的特定“抽头”进行逻辑运算所得。

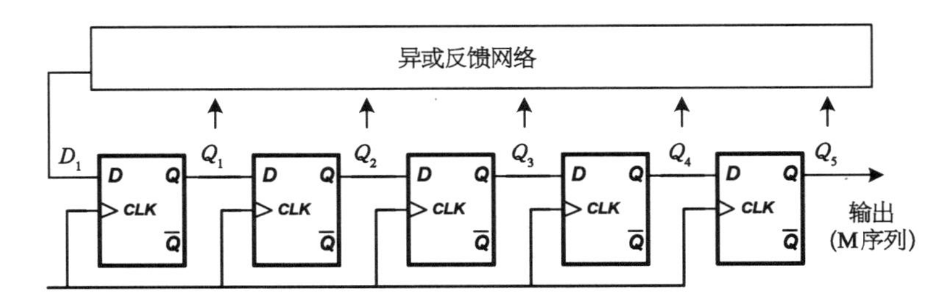

图16-3　线性反馈移位寄存器基本结构

数学上已证明，对于 n 位的LFSR，通过特定抽头的异或运算，就能够实现周期最长的序列，最长的周期为 2^n-1，只有全“0”状态是无效状态且会一直保持在全“0”状态。不同位数计数器所使用的抽头组合如表16-1所示

(部分位数的抽头组合不唯一),图 16-4 给出了 5 位 LFSR 的实现电路,异或反馈网络只需要计算 Q_5 和 Q_3 的异或值,反馈回 D_1 即可,表 16-2 则给出了其状态转移表及 Q_5、Q_4、Q_3、Q_2、Q_1 对应的十进制数。

表 16-1 不同位数 LFSR 的抽头组合

位 数	参与异或的抽头	位 数	参与异或的抽头
2	Q_2, Q_1	**10**	Q_{10}, Q_7
3	Q_3, Q_2	**11**	Q_{11}, Q_9
4	Q_4, Q_3	**12**	Q_{12}, Q_{11}, Q_{10}, Q_4
5	Q_5, Q_3	**13**	Q_{13}, Q_{12}, Q_{11}, Q_8
6	Q_6, Q_5	**14**	Q_{14}, Q_{13}, Q_{12}, Q_2
7	Q_7, Q_6	**15**	Q_{15}, Q_{14}
8	Q_8, Q_6, Q_5, Q_3	**16**	Q_{16}, Q_{15}, Q_{13}, Q_4
9	Q_9, Q_5	**17**	Q_{17}, Q_{14}

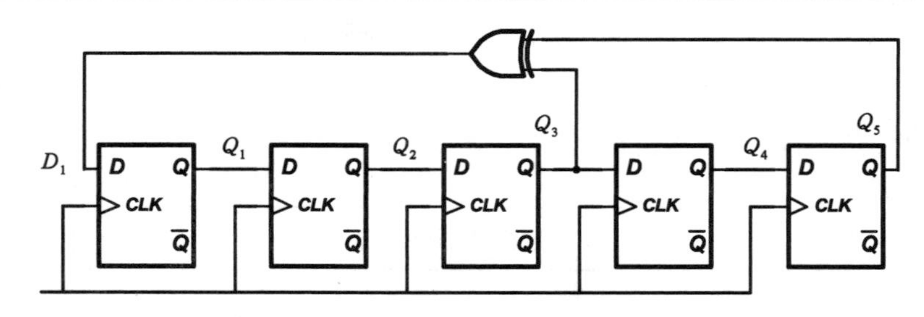

图 16-4 5 位 LFSR 最大周期(31)的实现方式

如表 16-2 所示,5 位 LFSR 最多能够实现 31 个不同的计数,并且只需要使用 D 触发器和异或门,因此是一种结构非常简单的计数器实现方式。但二进制数码与计数值的对应关系需要进行进一步映射,因此通常会用在对功耗、芯片面积(对应门电路数量)要求比较严格的场合。另一方面,通过表 16-2 的 Q_n~Q_1 对应的十进制数也可以看出,LFSR 的计数器值在 1~2^n-1 之间呈现随机化的特征,通过统计学分析可以证明其序列的相关性与白噪声相类似，因此 LFSR 也是一种常用的伪随机数生成器，广泛应用于计算机、通信等领域。

表 16 - 2　5 位 LFSR 的状态转移表

CLK 顺序	Q_5（输出）	Q_4	Q_3	Q_2	Q_1	十进制数
0（复位）	1	1	1	1	1	31
1	1	1	1	1	0	30
2	1	1	1	0	0	28
3	1	1	0	0	0	24
4	1	0	0	0	1	17
5	0	0	0	1	1	3
6	0	0	1	1	0	6
7	0	1	1	0	1	13
8	1	1	0	1	1	27
9	1	0	1	1	1	23
10	0	1	1	1	0	14
11	1	1	1	0	1	29
12	1	1	0	1	0	26
13	1	0	1	0	1	21
14	0	1	0	1	0	10
15	1	0	1	0	0	20
16	0	1	0	0	0	8
17	1	0	0	0	0	16
18	0	0	0	0	1	1

（续表）

CLK 顺序	Q_5（输出）	Q_4	Q_3	Q_2	Q_1	十进制数
19	0	0	0	1	0	2
20	0	0	1	0	0	4
21	0	1	0	0	1	9
22	1	0	0	1	0	18
23	0	0	1	0	1	5
24	0	1	0	1	1	11
25	1	0	1	1	0	22
26	0	1	1	0	0	12
27	1	1	0	0	1	24
28	1	0	0	1	1	19
29	0	0	1	1	1	7
30	0	1	1	1	1	15
31	1	1	1	1	1	31

由于 LFSR 电路主体结构是移位计数器，因此模块本身自带并行输入、串行输出的功能。将最高位 Q_n 直接输出，可以得到伪随机分布的一组“0”“1”的数字序列，称为 M 序列，在数字通信尤其是扩频数字通信、加密、误码率测试等领域有广泛应用。理论上可以证明，M 序列具有以下的特点：

● 均衡性：n 位 LFSR 实现的 M 序列周期为 2^n-1，每一个周期内“1”的数目为 2^{n-1}，“0”的数目为 $2^{n-1}-1$，“1”的数目比“0”的多一个。当序列足够长时，可近似认为“1”和“0”的数目相等。

● 游程分布：M 序列中连续相同的“1”或“0”合称为一个游程。n 位 LFSR 实现的 M 序列共有 2^{n-1} 个游程，其中连续“1”的最长游程长度为 n，且仅有 1 个游程，连续“0”的最长游程长度为 $n-1$ 且仅有 1 个游程。当 n 足够大时，可以看出游程长度远小于周期长度，整个序列具有足够多的逻辑跳变，可以左右一种有效的串行编码模式。

除此之外，M 序列还具有移位相加仍是 M 序列、自相关函数近似为白噪声等特征，在此不再赘述。本实验中，首先将使用移位寄存器和异或门实际搭建一个简单的 LFSR，并测试 M 序列的性质，再利用 M 序列进行通信的简单加密和解密实验。

3. 模 2 运算与简单加解密电路

对于串行传输的数字序列，其逻辑表示采用二进制形式，但一般情况下可认为相邻两个逻辑位之间并没有多位二进制数中的高低位关系，因此可以对每一个逻辑位定义如下的二进制加法

$$\begin{cases} 0+0=0 \\ 0+1=1 \\ 1+0=1 \\ 1+1=0 \end{cases} \tag{16-1}$$

这种加法被称为模 2 加法，是计算机科学领域中 CRC 校验等算法的核心部分。在数字逻辑上，可以将其看成不带进位的二进制加法，各个逻辑位彼此独立地参与运算，因此只需要使用异或门即可实现模 2 加法的功能。

图 16-5 给出了两个数字序列执行模 2 加法的过程，可以发现任何二进制序列先后对同一个序列执行两次模 2 加法，将会还原为原始序列，也就是模 2 加法和模 2 减法本质上是等效的，都只需要通过异或运算即可实现。利用这个性质，可以得到图 16-6 所示的简单 M 序列加密解密电路：发送端的原始序列与 M 序列执行一次模 2 运算后得到加密后的序列，接收端则通过将加密后的序列再次与 M 序列执行一次模 2 运算即可还原原始序列。解密成功的关键在于发送端和接收端需要有相同步的 M 序列码产生电路，可通过额外附加通信协议来实现。

```
 110101          101001
+ 11100         + 11100
-------         -------
 101001          110101
```

图 16-5　二进制序列模 2 加法，先后对同一个数字序列执行模 2 加法将还原原始序列

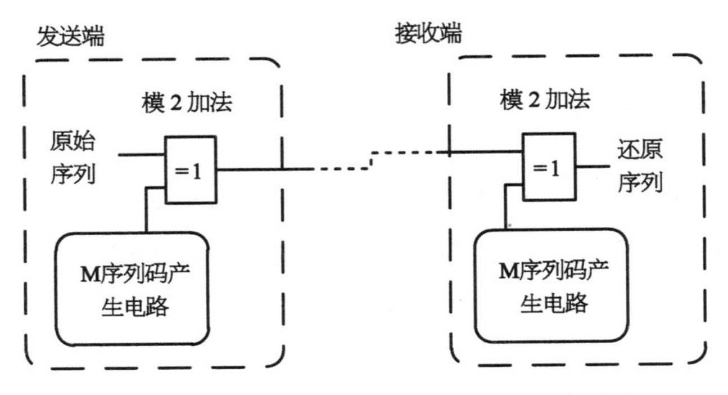

图 16-6　利用 M 序列的简单加密和解密电路

实验内容

1. 利用 D 触发器实现 4 位 M 序列码产生电路

(1) 利用 D 触发器和必要的逻辑门，实现 4 位 M 序列码产生电路，参考图 16-3 和表 16-1 画出电路图。注意初始状态需要通过置位端设置成“1111”的状态，不可进入“0000”的无效状态。

表 16-3　M 序列发生电路的状态转移

CP 顺序	Q_4 (最高位，串行输出)	Q_3	Q_2	Q_1 (最低位)	$Q_4Q_3Q_2Q_1$ 对应的十进制数
0 (复位)	1	1	1	1	15
1					

（续表）

CP 顺序	Q_4（最高位，串行输出）	Q_3	Q_2	Q_1（最低位）	$Q_4Q_3Q_2Q_1$ 对应的十进制数
2					
……					

（2）时钟端输入单脉冲，测试 $Q_1 \sim Q_4$ 变化值，填入表 16－3，要求测量出十进制数循环的周期值，即 M 序列的周期值，验证所设计的 LFSR 具有理论上最大的周期(2^4-1)。

（3）利用表 16－3 的数据，分析 LFSR 作为计数器的伪随机性，以及 M 序列的均衡性和游程分布的规律。

2. 利用 D 触发器实现 4 位数据接收端电路

利用 74LS175 芯片提供的 4 个带复位端的 D 触发器和必要的逻辑门，设计数据接收端电路，端口如图 16－7 所示：Data 为串行数据输入；Det 为“三连零”检测电路，即任何时刻检测到输入 4 位二进制数据中有连续的 3 位或 3 位以上的信号为逻辑“0”时，输出$\overline{\text{Det}}$信号为“0”，否则$\overline{\text{Det}}$信号为“1”。（为简化设计，这里$\overline{\text{Det}}$信号采用了低电平作为有效逻辑，也可以设计高电平作为有效逻辑。）

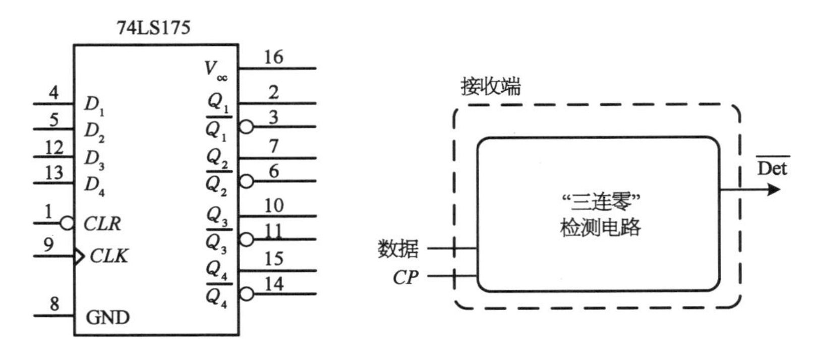

图 16－7　74LS175 逻辑图与 4 位数据接收电路结构图

参考图 16－2 串并收发的基本电路结构，画出电路图。利用实验内容 1 中的 M 序列作为数据从 Data 端输入，时钟 *CP* 使用与 M 序列电路相同的单脉冲，记录 1 个 M 序列周期内$\overline{\text{Det}}$信号与 M 序列的关系，填入表 16－4，分析“三连零”检测电路是否工作正常。

表 16－4　4 位数据接收电路功能测试（记录 1 个 M 序列周期）

	Data 信号值	74LS175 内部状态				$\overline{\text{Det}}$检测结果
		Q_4（最高位）	Q_3	Q_2	Q_1（最低位）	
0	1（复位）	0	0	0	0	1
1	1					
2	1					
3	1					
4	0					
5	0					
6	0					
7	1					
8	0					
9	0					
10	1					
11	1					
12	0					
13	1					
14	0					
15	1					
16	1					
17	1					
18	1					

3. 利用 M 序列和模 2 运算制作加密-解密电路

(1) 利用异或门实现模 2 加法电路，分别输入实验内容 1 中制作的 4 位 M 序列码产生电路，并通过开关生成的自定义序列，实现对自定义序列的加密过程。加密前先将 M 序列复位，并且通过输入一定数量的 *CP* 脉冲来确定一个 M 序列的起始位置。

> **注意**　由于 M 序列起始若干位均为“1”，因此应当跳过来保证较好的加密效果。

(2) 如图 16-8 所示，利用实验内容 2 制作的 4 位数据接收电路，一次性接收 4 位加密后的数据并存储，时钟 *CP* 使用单脉冲输入。

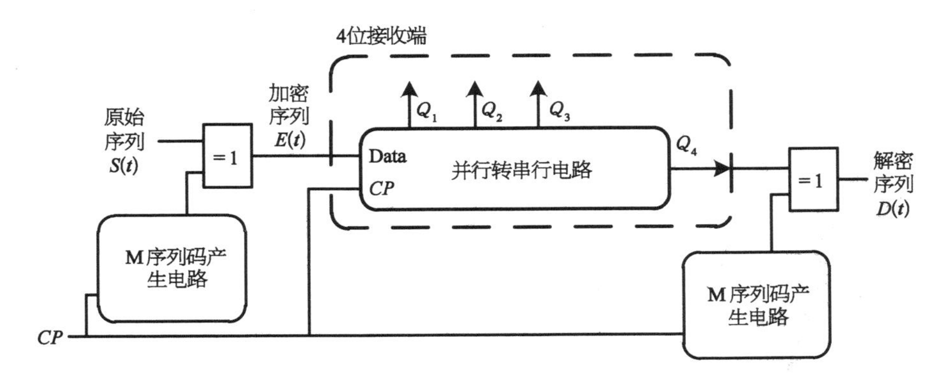

图 16-8　利用 4 位数据接收端作为数据缓存的加密-解密实验电路框图

(3) 保持 4 位数据接收电路中的数据 $Q_1 \sim Q_4$ 不变，将 M 序列码产生电路从 Q_1 输入改接到 Q_4 的输出，复位 M 序列到(1)中的相同起始状态后，实现对加密序列的解密过程，填写表 16-5，观察解密后的数据与原始数据的异同。

(4)【选做】两组同学分别扮演数据发送方和接收方，利用各自的 M 序列发生器进行加密和解密。不需要使用数据缓存，可以发送方发送 1 位，接收方接收 1 位，从而使数据长度不受数据缓存长度的限制。分别观察 M 序列同步与不同步条件下，加密和解密的结果。

表 16－5　利用 4 位数据接收端作为数据缓存的加密-解密实验电路状态转移表格

原始序列 $S(t)$	M 序列（加密）	加密序列 $E(t)$	Q_1	Q_2	Q_3	Q_4	M 序列（解密）	解密序列 $D(t)$
/	M 序列复位后经过的时钟周期数：	/	/	/	/	/	/	/
（自行设计）			×	×	×	×	/	/
（自行设计）				×	×	×	/	/
（自行设计）					×	×	/	/
（自行设计）						×	/	/
×	×	×					/	/
/	/	/	/	/	/	/	M 序列复位后经过的时钟周期数：	/
/	/	/						
/	/	/	×					
/	/	/	×	×				
/	/	/	×	×	×			

实验总结

（1）分析实验步骤与需求，分别设计并画出每一步完整的数字电路图。

（2）描述并简单分析所产生的 4 位 LFSR 及其 M 序列的特征，包括计数器的伪随机性、M 序列的均衡性和游程分布等。

实验思考

(1) M序列加密-解密实验中，收发端的M序列同步如何影响解密结果？如何解决M序列的同步问题？

(2) 图16-8所示的电路中，如何只利用一个M序列码产生电路，同时对4位数据接收端的输入进行加密、输出进行解密？

实验十七 温度闭环控制系统

实验目的

（1）掌握温度测量电路的工作原理。

（2）掌握温度的闭环控制电路。

实验原理

1. 恒温器控制系统

温度控制技术在现代生活中具有广泛的应用。在近代物理科学研究中，温度是最基础的物理学参量之一，精准控制温度对于取得重大科研成果具有十分重要的意义。为达到自动控制目的，由相互制约的各个部分，按一定要求组成的具有一定功能的整体被称为自动控制系统。一般地，一套完整的温度控制系统由受控对象、传感器、控制器和执行器等部件组成。

典型的自动控制系统的控制流程如图 17－1 所示。受控对象时刻受到干扰 f（如环境温度的改变）输入造成的影响，通过传感器测量其受控温度 T_a 得到实际输出温度 T_z（由热电阻或热电偶测量换算得到温度值）。控制系统需要时刻比较实际输出温度 T_z 和设定温度 T_g 的误差 $\Delta T = T_g - T_z$，决定执行器（加热电路）的行为，从而使受控温度保持在设定值。

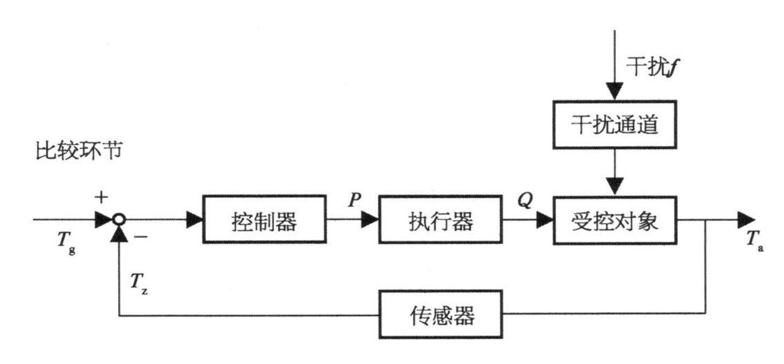

图 17－1　典型自动控制系统的控制流程

由图 17－1 的框图可以看出，自动控制系统是一个闭合的回路，所以被称为闭环系统。其特点是自动控制系统的受控变量经过传感器又返回到系统的输入端，即存在反馈。显然，自动控制系统中输入量与反馈量是相减的，即采用的是负反馈，这样才能消除或减小受控变量与给定值之差，从而达到准确控制输出温度的目的。

本实验选用一种 3D 打印机挤出头作为受控系统，闭环控制系统能够将 3D 挤出头的温度稳定在预设温度上，保证 3D 打印材料能够正确地熔化挤出。

3D 打印机挤出头由加热电阻和与之绑定的热敏电阻组成，如图 17－2 所示。加热电阻作为闭环系统的执行器，外接直流加热电源后将电能转换为热能，可以通过开关控制加热电源交替地连通与断开，使整个挤出头的加热温度维持在相对稳定的温度上。进一步地，执行器的行为可以修改为通过温度偏差值而改变热源能量的大小，或者引入比例电路、比例积分电路、比例积分微分电路等，使系统调节行为更加快速或精确，例如比例积分微分控制（PID）等，这些是过程控制中广泛应用的控制形式。

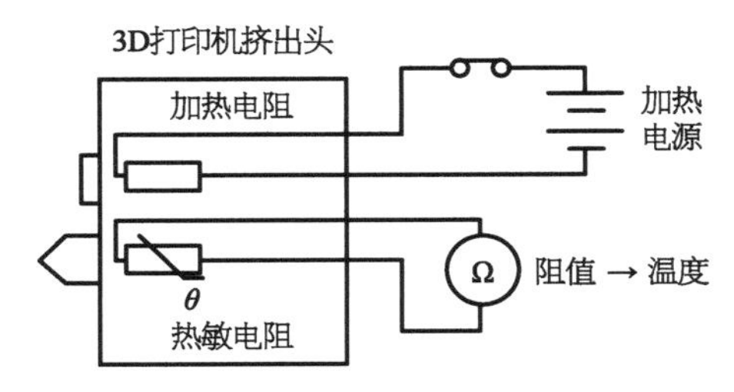

图 17－2　3D 打印机挤出头的基本结构

3D打印机挤出头上固定有一个100 kΩ的热敏电阻,其阻值随着温度的变化而改变。通过对阻值的测量,可以换算得到3D打印机挤出头当前的实时温度值。如表17-1所示。

表17-1　100 kΩ热敏电阻的阻值与温度的对应关系

温度(℃)	阻值(kΩ)	温度(℃)	阻值(kΩ)	温度(℃)	阻值(kΩ)
20	121.331 700 1	39	60.142 824 36	58	32.312 350 85
21	116.667 808 8	40	58.098 744 48	59	31.334 504 84
22	112.212 994 8	41	56.136 493 32	60	30.391 856 85
23	107.956 662 4	42	54.252 344 04	61	29.482 956 58
24	103.888 811 4	43	52.442 758 79	62	28.606 420 56
25	100	44	50.704 378 23	63	27.760 928 75
26	96.281 310 96	45	49.034 011 6	64	26.945 221 37
27	92.724 319 59	46	47.428 627 46	65	26.158 095 86
28	89.321 064 06	47	45.885 344 98	66	25.398 403 98
29	86.064 017 59	48	44.401 425 69	67	24.665 049 17
30	82.946 062 44	49	42.974 265 76	68	23.956 983 95
31	79.960 465 56	50	41.601 388 77	69	23.273 207 49
32	77.100 855 86	51	40.280 438 81	70	22.612 763 35
33	74.361 202 91	52	39.009 174 07	71	21.974 737 3
34	71.735 796 97	53	37.785 460 77	72	21.358 255 26
35	69.219 230 35	54	36.607 267 42	73	20.762 481 34
36	66.806 379 87	55	35.472 659 44	74	20.186 616 05
37	64.492 390 52	56	34.379 794 07	75	19.629 894 51
38	62.272 659 99	57	33.326 915 61	76	19.091 584 79

（续表）

温度(℃)	阻值(kΩ)	温度(℃)	阻值(kΩ)	温度(℃)	阻值(kΩ)
77	18.570 986 39	94	11.877 444 9	111	7.902 988 66
78	18.067 428 7	95	11.584 117 4	112	7.724 493 64
79	17.580 269 63	96	11.299 564 8	113	7.550 923 45
80	17.108 894 24	97	11.023 483 3	114	7.382 120 03
81	16.652 713 51	98	10.755 580 8	115	7.217 931 08
82	16.211 163 1	99	10.495 576 7	116	7.058 209 8
83	15.783 702 21	100	10.243 201 3	117	6.902 814 67
84	15.369 812 53	101	9.998 195 29	118	6.751 609 24
85	14.968 997 17	102	9.760 309 18	119	6.604 461 94
86	14.580 779 68	103	9.529 303 09	120	6.461 245 87
87	14.204 703 16	104	9.304 946 26	121	6.321 838 63
88	13.840 329 33	105	9.087 016 65	122	6.186 122 13
89	13.487 237 72	106	8.875 300 6	123	6.053 982 43
90	13.145 024 86	107	8.669 592 46	124	5.925 309 58
91	12.813 303 51	108	8.469 694 28	125	5.799 997 45
92	12.491 702	109	8.275 415 48	126	5.677 943 6
93	12.179 863 3	110	8.086 572 52	127	5.559 049 13

尽管热敏电阻可以作为温度测量的传感器，但需要设计额外的电阻测量电路，因此本实验中热敏电阻仅作为挤出头温度的标定传感器。而用于闭环系统测量的传感器则使用热电偶进行测量。

2. 热电偶传感器与冷端补偿

热电偶是一种常用的温度传感器。如图 17－3 所示，热电偶冷端两极的电压差直接与热端温度 T 和冷端温度 T_0 的差值成正比。由于测量到的是热电偶冷端两极的电压信号，所以可以方便地使用仪表放大器等电路对电压信号进行放大。这样就可以将受控物理量(温度)转换为闭环反馈系统中的电信号，从而实现物理量到电信号的转化，以便完成电路控制工作。

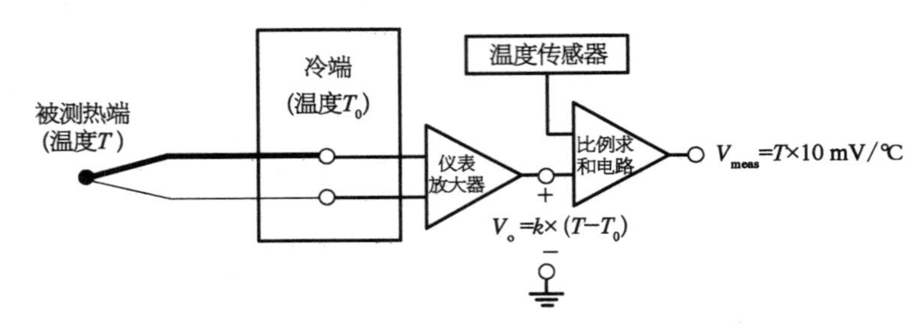

图 17-3　热电偶温度测量电路与冷端补偿原理

在电子测控系统中，电压小信号的高精度测量通常使用仪表放大器(instrumentation amplifier，INA，或称精密放大器)来实现。实验六中已经分析过，它是差分放大器的一种改良，具有输入缓冲器，不需要输入阻抗匹配；同时具有非常低的直流漂移、低噪声、高开环增益、非常高的共模抑制比，因此常用于精确性和稳定性要求非常高的测量电路中。常见的仪表放大器结构基于3个运算放大器，如图 17-4 所示。电阻 R_1 和 R_1'、R_2 和 R_2'、R_3 和 R_3'为阻抗匹配的对称电阻，则电路对于共模信号 V_{cm}的增益始终为 1，输出电压为

$$V_o=V_d\frac{R_3}{R_2}\left(1+\frac{2R_1}{R_G}\right)+V_{ref} \tag{17-1}$$

若 $R_2=R_3$ 且 $V_{ref}=0$，则差分增益为$\left(1+\frac{2R_1}{R_G}\right)$

通过调节 R_G阻值即可调节仪表放大器最终的差分信号增益，进一步连接热电偶可得到温度差与输出电压之间的增益值。

本实验中，使用了 TI 公司的 OP07 高精度运算放大器来搭建仪表放大器，自身具有 600 kHz 的增益带宽积、高达 120 dB 的共模抑制比和小于60 μV的输入电压失配，适合于搭建仪表放大器。单个 OP07 芯片包括一个运算放大器，采用±12 V 电源供电，能够提供较大的输出电压动态范围(关于 OP07 型运算

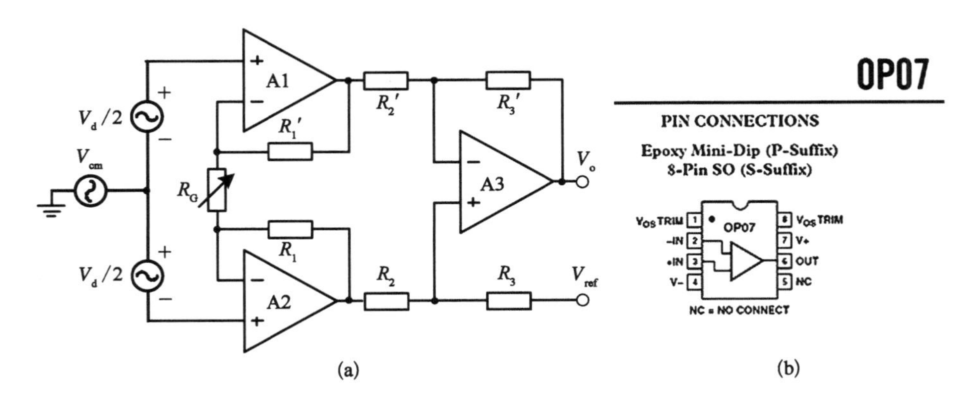

图 17-4　仪表放大器原理图(a)与 OP07 运算放大器结构图(b)

放大器更多资料详见 TI 公司官网：https://www.ti.com/product/OP07)。

为了让热电偶测量电路最终输出的测量电压值 V_{meas} 正比于热端温度 T,需要在测量电路板上使用精密温度传感器来监测冷端温度 T_0,通过比例求和电路(可额外使用一个 OP07 运算放大器)来实现冷端补偿。本实验中使用 TI 公司的 LM35 精密温度传感器(https://www.ti.com/product/LM35),如图 17-5 所示。其输出电压与冷端温度的关系始终为：输出电压=

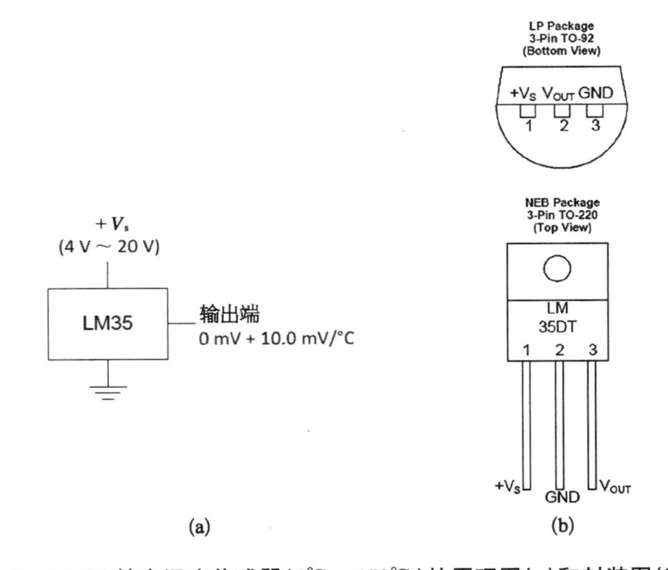

图 17-5　LM35 精密温度传感器(2℃～150℃)的原理图(a)和封装图(b)

0 mV+10.0 mV/℃，因此需要调节仪表放大器的增益 k 为10.0 mV/℃，并设计合理的比例求和电路的增益，最终设计目标为输出电压 $V_{meas}=T\times 10.0\ mV/℃$。

3. 设定值的产生与T型电阻网络D/A转换器

控制系统另一个需要实现的功能是设定值 T_g 的生成。在本实验中，通过D/A转换器来产生精确且易于调节的参考电压。D/A转化器电路设计部分可以参考实验十三，此处不再展开讨论。

4. 误差比较与执行单元

利用D/A转换电路生成的设定值 $V_{D/A}$（对应图17-1中的 T_g）需要与传感器测量得到的 V_{meas}（对应图17-1中的 T_z）进行比较，来控制加热电路的行为，整个比较器和执行器部分的电路如图17-6所示。

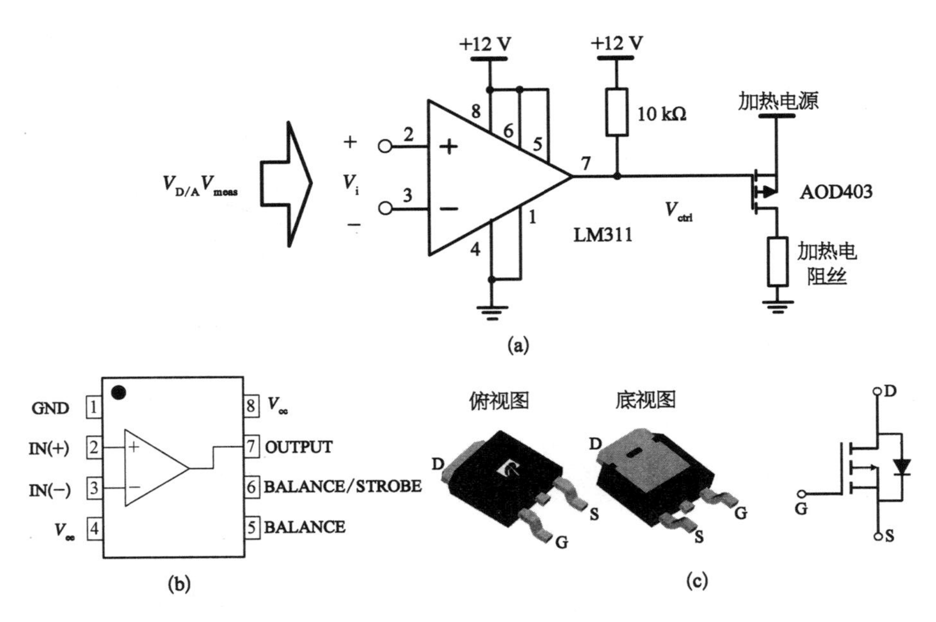

图17-6　误差比较器与执行器电路(a)与LM311比较器引脚图(b)及AOD403 PMOS管引脚图与符号(c)

本实验使用了 TI 公司的 LM311 高速差分比较器(www. ti. com/product/LM311),它工作在+12 V 单电源下,能够实现百纳秒水平的高速响应。比较器的输出电压 V_{ctrl} 用于驱动一个 ALPHA&OMEGA 公司的 PMOS 场效应管 AOD403 作为加热电阻丝的控制开关(aosmd. com/products/p-ch-mosfets/single/AOD403)。当 V_{ctrl} 为高电平(+12 V)时,PMOS 管关断,加热电阻丝不加热;当 V_{ctrl} 为低电平(0 V)时,PMOS 管导通,此时加热电源作用在加热电阻丝上开始加热。通过正确设计 $V_{D/A}$ 与 V_{meas} 的大小关系和对应的 PMOS 管的开关行为,能够实现当热电偶测量电压过高时关闭电阻丝加热、测量电压过低时开启电阻丝加热,从而实现对温度的闭环调节。

实验内容

1. D/A 转换器的搭建与调试

(1) 设计 T 型电阻网络结构的 D/A 转换器,要求当数字输入为 0～255 时,输出 $V_{D/A}$ 为 0～2.55 V。画出完整设计电路图,根据设计搭建电路。

(2) 自拟输入数字值,测量所实现的 D/A 转换器的转换曲线,估算得到 D/A 转换器的数字值与对应输出电压的关系(即最低有效位 LSB)。

2. 比较器加热电路的调试

(1) 根据图 17－6 设计误差比较单元和执行单元,请思考:当输入端 $V_i>0$ 和 $V_i<0$ 时,电路的行为分别是什么?根据设计搭建电路,输出连接到 3D 打印机挤出头的加热电阻丝,通过板上的电阻分压分别使得 $V_i>0$ 和 $V_i<0$,将测试电路的行为填入表 17－2。

(2) 使用万用表欧姆挡连接 3D 打印机挤出头的热敏电阻,测量阻值并通过表 17－1 折算成环境温度。

表 17-2　比较器与加热电路行为的测试结果

V_i	V_{ctrl}(V)	加热模块行为	加热 LED 亮灭
$V_i>0$			
$V_i<0$			

注意　在整个实验过程中，保持万用表欧姆挡与热敏电阻的连接，用于监控 3D 打印机挤出头的温度。

3. 仪表放大器与冷端补偿电路

(1) 检查 LM35 精密温度传感器的功能：使用万用表测量其输出电压，使用热源(如手)触碰 LM35，观察输出电压是否随温度的变化而变化，估算其温度变化是否满足 10 mV/℃的关系。

(2) 根据图 17-3 和图 17-4 设计仪表放大器，连接热电偶。调节仪表放大器的 R_G 电阻，使得仪表放大器输出的灵敏度为 10 mV/℃。

标定时，将实验内容 2 中已经调试通过的加热电阻与热电偶进行充分的热接触，通过加热电阻产生不同的温度(真实温度通过热敏电阻进行实时测量)，进而标定热电偶及其测量电路的灵敏度。

(3) 使用比例求和电路进行冷端补偿，并且调节比例求和电路的增益，保持温度测量电路最终的灵敏度为 10 mV/℃。

4. 闭环温度控制实验

组装实验内容 1～3 中的 D/A 转换器(用于产生 $V_{D/A}$)、温度测量电路(用于产生 V_{meas})和加热电路，最终得到闭环温度控制系统。通过 D/A 转换器设置不同的目标温度(10 mV/℃)，每隔 30 s 检测热电偶的输出电压变化情况，填入表 17-3，分析闭环温度控制系统的性能。

表 17-3　闭环温度控制系统的实际性能测试

温度设定值(℃)	热敏电阻阻值(Ω)	对应实测温度(℃)	热电偶电压 V_{meas} 实测值									
			30 s	60 s	90 s	120 s	150 s	180 s	210 s	240 s	270 s	300 s

实验总结

根据实验步骤完成各电路单元的设计，分模块绘制电路原理图，完成测试验证，通过验收。

参考文献

[1] 童诗白，华成英.模拟电子技术基础（第五版）.北京：高等教育出版社，2015.

[2] 阎石.数字电子技术基础（第六版）.北京：高等教育出版社，2016.

[3] 爱格瓦尔，朗.模拟和数字电子电路基础.于歆杰，朱桂萍，刘秀成，译.北京：清华大学出版社，2008.

[4] 李心广，王金矿，张晶.电路与电子技术基础（第3版）.北京：机械工业出版社，2021.

[5] 霍罗威茨，希尔.电子学（第二版）.吴利民，余国文，欧阳华，等译.北京：电子工业出版社，2009.

[6] 刘灼群，蔡志岗.数字通信原理与硬件设计，北京：科学出版社，2022.

[7] 库奇.数字与模拟通信系统（第八版）.罗新民，任品毅，译.北京：电子工业出版社，2013.

[8] 白志刚.自动调节系统解析与PID整定.北京：化学工业出版社，2012.

[9] 冯少辉.PID参数整定与复杂控制.北京：化学工业出版社，2024.

[10] 德拉罗萨.Sigma－Delta模数转换器：实用设计指南（原书第2版）.陈铖颖，黄渝斐，张蕾，等译.北京：机械工业出版社，2022.

[11] 刘金琨.先进PID控制MATLAB仿真（第5版）.北京：电子工业出版社，2023.